水利史

中国水利水电科普视听读丛书

中国水利水电科学研究院　组编

吕娟　邓俊　主编

"十四五"时期国家重点出版物出版专项规划项目

U0291376

中国水利水电出版社
www.waterpub.com.cn

·北京·

内 容 提 要

　　《中国水利水电科普视听读丛书》是一套全面覆盖水利水电专业、集视听读于一体的立体化科普图书，共 14 分册。本分册为《水利史》，简要记述了历史时期（远古至 1949 年）我国水利事业发展的基本进程以及所取得的成就，总结了历代水利建设的成败得失，以及水利与政治、经济、社会、环境、生态和景观等的关系，展现了水利对中华文明与文化的影响。

　　本丛书可供社会大众、水利水电从业人员及院校师生阅读参考。

图书在版编目（ＣＩＰ）数据

水利史 / 吕娟，邓俊主编 ；中国水利水电科学研究
院组编. -- 北京 ：中国水利水电出版社，2022.9
　（中国水利水电科普视听读丛书）
　ISBN 978-7-5226-0666-8

　Ⅰ．①水… Ⅱ．①吕… ②邓… ③中… Ⅲ．①水利史
—中国 Ⅳ．①TV-092

中国版本图书馆CIP数据核字 (2022) 第073200号

审图号：GS（2021）6133 号

――――――――――――――――――――――――――――――――――――

丛 书 名	中国水利水电科普视听读丛书
书　　名	水利史 SHUILI SHI
作　　者	中国水利水电科学研究院 组编 吕娟 邓俊 主编
封面设计	杨舒蕙 许红
插画创作	杨舒蕙 许红
排版设计	朱正雯 许红
出版发行	中国水利水电出版社 （北京市海淀区玉渊潭南路 1 号 D 座 100038） 网址：www.waterpub.com.cn E-mail:sales@mwr.gov.cn 电话：（010）68545888（营销中心）
经　　售	北京科水图书销售有限公司 电话：（010）68545874、63202643 全国各地新华书店和相关出版物销售网点
印　　刷	天津画中画印刷有限公司
规　　格	170mm×240mm 16 开本 12.75 印张 141 千字
版　　次	2022 年 9 月第 1 版 2022 年 9 月第 1 次印刷
印　　数	0001—5000 册
定　　价	88.00 元

――――――――――――――――――――――――――――――――――――

《中国水利水电科普视听读丛书》

编委会

主　　任　匡尚富

副　主　任　彭　静　　李锦秀　　彭文启

专家委员会

主　　任　王　浩

委　　员　丁昆仑　　丁留谦　　王　力　　王　芳

（按姓氏笔画排序）　王建华　　左长清　　宁堆虎　　冯广志

　　　　　　　　朱星明　　刘　毅　　阮本清　　孙东亚

　　　　　　　　李贵宝　　李叙勇　　李益农　　杨小庆

　　　　　　　　张卫东　　张国新　　陈敏建　　周怀东

　　　　　　　　贾金生　　贾绍凤　　唐克旺　　曹文洪

　　　　　　　　程晓陶　　蔡庆华　　谭徐明

《水利史》

主　编　吕　娟　邓　俊

参　编　张伟兵　周　波　刘建刚　李云鹏
　　　　万金红

丛书策划　李亮

书籍设计　王勤熙

丛书工作组　李亮　李丽艳　王若明　芦博　李康　王勤熙　傅洁瑶
　　　　　　芦珊　马源廷　王学华

本册责编　李亮　王若明　王勤熙

党中央对科学普及工作高度重视。习近平总书记指出："科技创新、科学普及是实现创新发展的两翼，要把科学普及放在与科技创新同等重要的位置。"《中华人民共和国国民经济和社会发展第十四个五年规划和2035年远景目标纲要》指出，要"实施知识产权强国战略，弘扬科学精神和工匠精神，广泛开展科学普及活动，形成热爱科学、崇尚创新的社会氛围，提高全民科学素质"，这对于在新的历史起点上推动我国科学普及事业的发展意义重大。

水是生命的源泉，是人类生活、生产活动和生态环境中不可或缺的宝贵资源。水利事业随着社会生产力的发展而不断发展，是人类社会文明进步和经济发展的重要支柱。水利科学普及工作有利于提升全民水科学素质，引导公众爱水、护水、节水，支持水利事业高质量发展。

《水利部、共青团中央、中国科协关于加强水利科普工作的指导意见》明确提出，到2025年，"认定50个水利科普基地""出版20套科普丛书、音像制品""打造10个具有社会影响力的水利科普活动品牌"，强调统筹加强科普作品开发与创作，对水利科普工作提出了具体要求和落实路径。

做好水利科学普及工作是新时期水利科研单位的重要职责，是每一位水利科技工作者的重要使命。按照新时期水利科学普及工作的要求，中国水利水电科学研究院充分发挥学科齐全、资源丰富、人才聚集的优势，紧密围绕国家水安全战略和社会公众科普需求，与中国水利水电出版社联合策划出版《中国水利水电科普视听读丛书》，并在传统科普图书的基础上融入视听元素，推动水科普立体化传播。

丛书共包括14本分册，涉及节约用水、水旱灾害防御、水资源保护、水生态修复、饮用水安全、水利水电工程、水利史与水文化等各个方面。希望通过丛书的出版，科学普及水利水电专业知识，宣传水政策和水制度，加强全社会对水利水电相关知识的理解，提升公众水科学认知水平与素养，为推进水利科学普及工作做出积极贡献。

丛书编委会

2021年12月

中国的治水历史与中华文明一样源远流长。特殊的自然地理与水文水资源条件，决定了除水害、兴水利历来是治国安邦的大事。

从关中平原到七大江河中下游广大平原、从西北边疆到沿海地区的开发，都以规模巨大的水利工程为依托。水利为中华民族的社会经济发展创造了条件，社会经济的发展又为水利的进一步发展提供了基础。水利是一种改造自然的事业，在改造自然的过程中，大自然也对我们提出了种种挑战，中国的水利在谋求经济发展和应对自然挑战并和谐相处中不断前进，水利史内容极为丰富。

圣人之治，其枢在水。中国数千年的水利文明也是技术文明和制度文明的结晶。从"大禹治水"作为古代国家的发端，到"都江堰"延续两千年滋润成都平原，再到中央政府形成相对完整的治水管理体制，无不显示中华民族的治水智慧。

本分册一共七章。第一章对水利与文明的关系进行了梳理与概括；第二章至第六章按照朝代与水利发展阶段划分，向广大读者科普我国历史上不同时期水利事业发展的领域与重点任务，以及不同的工程形式、悠久的工程发展历史、丰富多样的水利文化等知识，叙事下限为1949年；第七章对中国水利史进行了简要总结。

本分册是在中国水利水电科学研究院水利史研究所历年研究的基础上，通过进一步调研深化编写完成的，是集体智慧的结晶。全分册由周魁一、吕娟作为学术顾问，吕娟、邓俊、张伟兵、周波、刘建刚、李云鹏、万金红撰写，吕娟、邓俊统稿完成。具体章节编写分工如下：第一章，吕娟；第二章，邓俊；第三章，周波；第四章，刘建刚；第五章，李云鹏、邓俊；第六章，张伟兵；第七章，万金红。

因各历史朝代采用的度量衡并不统一，全分册直接引用古籍记载的原始单位，未进行换算。

由于编者水平有限，难免存在不当之处，敬请读者批评指正。

编者

2022年6月

目 录

序

前言

◆ **第一章 水利与文明**

2　第一节　水利与文明的形成

3　第二节　中国水利的历史发展

8　第三节　古代水利孕育的水文化

◆ **第二章 从史前到战国**

12　第一节　稻作遗址证灌溉

16　第二节　水井开凿历史长

18　第三节　古城防洪建城池

22　第四节　大禹治水定九州

25　第五节　邺令引漳破河伯

28　第六节　芍陂安丰惠民长

32　第七节　因势利导都江堰

37　第八节　郑国渠开秦国强

◆ 第三章 秦汉魏晋时期

42　第一节　治理黄河堵决口　　50　第四节　南阳陂塘均水令

45　第二节　贾让三策治河辩　　53　第五节　灵渠南北引湘漓

47　第三节　王景治河黄河稳　　58　第六节　兴利除害古鉴湖

◆ 第四章 隋唐宋时期

64　第一节　拒咸蓄淡双子星　　79　第五节　城市水利塑成都

68　第二节　塘浦圩田兴江南　　81　第六节　国家水法始颁布

69　第三节　长江中下建圩垸　　82　第七节　水资源税溯起源

70　第四节　纵横东西大运河　　84　第八节　灌排机械始发明

◆ 第五章 元明清时期

88　第一节　大河改道沧桑变　　114　第六节　长江险工荆江堤

92　第二节　束水攻沙潘季驯　　118　第七节　新疆独特坎儿井

94　第三节　京杭运河通南北　　121　第八节　水利造就北京城

103　第四节　清口枢纽为保漕　　124　第九节　建石闸三江功能

110　第五节　海上长城恒稳固　　130　第十节　灌溉工程继扩张

◆ 第六章 近代水利的转型

138　第一节　先驱宏图点江山
144　第二节　世纪沧桑话导淮
149　第三节　继往开来谋治黄
153　第四节　八惠润秦谱华章

160　第五节　延安水利系河山
165　第六节　立规定矩首开创
169　第七节　千秋伟业三峡梦
176　第八节　水利教育源河海

◆ 第七章 结语

189　参考文献

第一章

水利与文明

在中华民族的发展史中，水利具有重要的作用。可以说，中华民族是随着水利的发展而发展的。

◎ 第一节 水利与文明的形成

就世界其他文明而言，公元前4000年左右，两河流域的古巴比伦就利用幼发拉底河的高程高于底格里斯河的自然条件，开挖灌渠，引洪淤灌，继而发展出坡度平缓的渠道网。公元前3000年左右，古埃及开始大规模建堤，拦尼罗河洪水引洪淤灌，随后在杰赖维干河上建造了世界上最早的异教徒坝。后来，这两个地区的水利技术传播到希腊和罗马。印度河流域在公元前2500年左右也有引洪淤灌的记载。西方的运河工程早于中国，而公元前7世纪古希腊和古罗马时代的城市供水渠道和运河已很发达。但是中途停滞了一段时间。2世纪随着贸易的发展，欧洲运河工程开始兴起，以后几百年间一直不断发展，19—20世纪著名的三大运河，即基尔运河、苏伊士运河和巴拿马运河，曾经大大缩短了航运里程，给全世界带来深远的影响。就西方文明而言，公元前2900年左右埃及建成了为孟菲斯（Memphis）城供水的工程；根据公元前25世纪前后泥版的记载，当时美索不达米亚地区有许多向城市供水的水库和渠道。世界范围内，水利促进了古文明的发展。

中国的水利文明与世界上其他地区的水利文明同期发展，各具特色。

小贴士

水利

水利一词始创于公元前100年前后的《史记》，司马迁专门安排了一章"河渠书"，记述重大水利事件。他详细记述了公元前109年跟随汉武帝参加惊心动魄的黄河堵口的施工场面，感慨万分地说："甚哉！水之为利害也。"强调水利在社会经济发展中的重要地位，第一次提出以防洪、灌溉、排水、航运、城镇供水为主要内容的水利概念。

就灌溉而言，早在公元前2000余年前的大禹时代中国就有了沟洫，用来满足平原地区的灌溉需求；而后1000年间，出现都江堰、郑国渠、芍陂等一批农田水利工程。就航运而言，中国在秦汉时期建造灵渠。而后，中国东西、南北大运河体系经历2000余年的发展，成为今日沟通中国东部地区的交通命脉。就城市水利而言，中国在春秋战国时期，就有对城市水利问题进行的探讨，如《管子》记述："凡立国都，非於大山之下，必於广川之上。高毋近旱而水用足，下毋迩水而沟防省。因天材，就地利。"短短几十字道出了城市与水的关系。

在中华民族数千年的发展历程中，治水关系到民族生存、王朝兴亡和国家统一，在国家治理中占有十分重要的地位。治水即治国，治水之道即治国之道。

中华民族的发展，自古就与大规模有组织的治水活动密切相连。从秦皇汉武、唐宗宋祖，到康熙乾隆，每一个有作为的统治者都把水利作为施政的重点。我国历史上出现的一些"盛世"局面，无不得益于统治者对水利的重视，得益于水利建设及其成就。水利兴而天下定，天下定而民心稳，人心稳则生产旺，仓廪实则百业兴，整个社会必然繁荣富强。除水害、兴水利，历来是兴国安邦的大事。

小贴士

《管子》与水利

《管子》是管仲和他的门客或同一学派的先贤举着"管仲"这面旗帜的共同著述汇集。今本存76篇，其中《度地》《水地》《地员》《立政》《乘马》等篇目谈到了对水的认知，讲述了水利工程等相关的力学、气象学、测量学认知以及水利工程的渠道建设、滞洪区建设、城市水利建设因地制宜的处置等；在水利工程施工时节、民工安排、工程取土、水质分析、土质分析等方面都有阐述。

◎ 第二节　中国水利的历史发展

各历史时期水利治理的领域与重点任务随社会发展需求的不同而不同。历史时期，我国水利的重点任务各有侧重，总的来说以防洪、灌溉和确保漕粮运输的河道工程最为重要。近现代，水资源、水环境、水生态和水灾害等四大水问题相互作用，彼此叠加，形成影响未来中国发展和安全的多重水危机，使水的问题更为严峻和复杂。

一、夏商周及春秋战国时期（约公元前2070—前221年）

由于抵御特大洪水的需求和大型灌溉工程的建设，中国的治水一开始就成为重要的公共事务。

相传约公元前21世纪，黄河流域发生了特大洪水。禹受命于当时的部落联盟首领舜，率领各部落联盟采用疏导的方式开展大规模的治水活动，并最终战胜洪水，还催生了中国第一个中央集权制王朝——夏，是治水作为国家职能的开始。

商周时期（约公元前16世纪—前771年）实行井田制，道路和渠道纵横交错，把土地分隔成方块。灌排与防洪工程一样，开始得到国家的重视。

公元前770年中国开始进入春秋战国时期，诸侯割据，由此拉开了以诸侯国政府为主导的大型灌溉和水运工程建设的序幕。在长达数百年的诸侯争霸期间，出于富国强兵的需要，各诸侯国修建了许多长距离引水灌溉工程，其中秦国的郑国渠和都江堰、魏国的引漳十二渠和楚国的芍陂最为著名；出于战争运输兵饷的目的，各诸侯国普遍重视运河的开凿，其中吴国的邗沟和魏国的鸿沟最为著名。

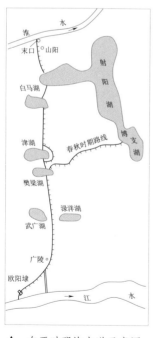

▲ 东晋时邗沟水道示意图

二、秦汉至隋唐宋时期（公元前 221—1276 年）

秦汉时期，其政治中心仍在西安，因而继续优先发展黄河流域泾渭地区的灌溉事业；为巩固西北边防，实施屯垦戍边，宁夏和内蒙古河套等地区开始出现大型灌溉工程。

东汉建都洛阳，经济中心随之南移，淮河流域陂塘工程得到进一步发展。东汉末年至隋统一期间，政权频繁更替，战乱导致中原人口和农业技术大量南迁至黄河以南，而各割据政权出于战争需要无不大兴军事屯田，由此带动了区域水利建设的发展，并使秦汉时期的水管理体制得以延续。

隋唐宋时期，国家基本统一，水利事业得以长足发展。首先，农田水利在全国范围内开展，长江中下游及太湖流域的塘浦圩田日渐发展；始建于秦汉时期的河套平原引黄灌区、岷江流域的都江堰等灌排工程体系等都得到进一步的发展。其次是防洪，自东汉王景治河至北宋，黄河已安流 800 年，但之后开始频繁决口，治河防洪再次被提上议事日程；位于长江干流中游的宜昌、沙市至汉口成为商业和交通重镇，开始筑堤。再次是城市供排水工程，唐宋长安、洛阳、杭州和成都等都城建设中出现了较为完善的供排水工程系统。最后是水运工程，在以往区间运河的基础上，以今西安、洛阳和开封为中心的纵横东西、纵贯南北的隋唐大运河形成，并成为沟通南方经济中心和北方政治中心以及军事重镇的交通要道。

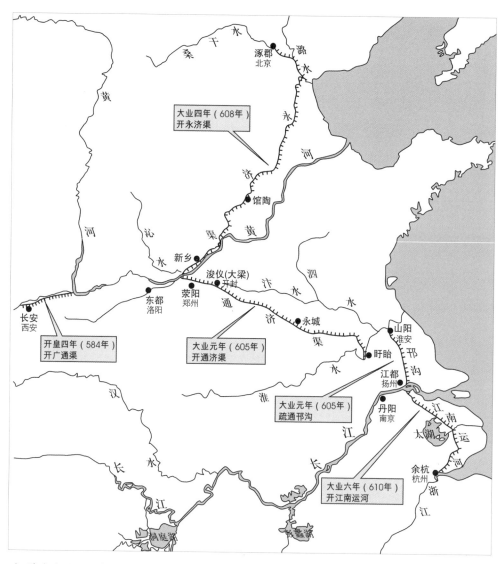

▲ 隋代大运河示意图

三、元明清时期（1271—1912 年）

元明清三代都定都北京，且国家统一，政局稳定。这使得全国经济发展、人口增长，灌溉工程随之向纵深发展，向横向推进，规划日趋科学，技术逐渐成熟，类型逐渐齐全，分布遍及全国。

元明清时期，每年需通过京杭运河从江南地区运送漕粮 400 万石[1]至京师。在黄河夺淮的 700 余年间，黄河与淮河相互纠结，也屡屡干扰京杭运河。为确保运河畅通，明弘治年间确立了"治河保漕"的原则。负责黄河和运河治理的河道总督应运而生，从明代总理河道的设置，到清代江南河道总督、河东河道总督和直隶河道总督"三河"的分立及其管理范围的明确界定，标志着类似现代流域性管理机构的基本形成；元明清河兵的设置则标志着部分水利管理机构准军事化的演进。著名的江浙海塘尤其是鱼鳞大石塘主要是在明清时期完成的，作为保护国家财赋之区的"海上长城"，海塘的管理纳入中央政府机构职能。

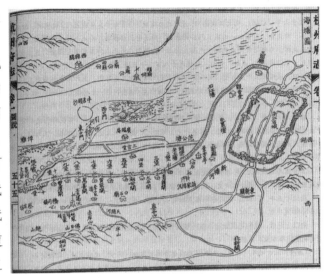

▲ 乾隆杭州府志海塘图

四、近代（1840—1949 年）

以清咸丰五年（1855 年）黄河自河南铜瓦厢改道由大清河入渤海为标志，中国水利进入了转折时期。黄河改道后，京杭运河在山东张秋被拦腰截断而萎缩成区间运河，1902 年废除漕粮征收制度后，京杭运河的漕运使命宣告终结。20 世纪上半叶连续发生几次流域性大洪水，如 1915 年珠江大水、1931 年长江大水、1939 年海河大水，以及西北的

---

❶ 石：古代重量单位，今读 dàn。各个朝代不同，清代一石约为 180 斤。

大旱，这唤起了社会各界对水利问题的关注。另外，这一时期中国从传统水利向近代水利过渡，水治理的主要任务仍是防洪、灌溉和航运等，但开始注重江河的全面治理和统一规划，注重上下游、左右岸等的统筹治理等，因而结合中国实际、借鉴西方经验的现代流域性管理机构逐渐出现。

◎ 第三节 古代水利孕育的水文化

水利不仅孕育了中华文明，催生了华夏民族，而且在长期的历史进程中，水文化成为中华传统文化的重要组成部分，在中华传统文化悠久的历史宝库中，水文化是其中最具光辉的文化财富。都江堰、京杭运河、坎儿井等古代水利工程，是中华民族创造力的象征，是中华民族的标志性工程。这些工程既造福人民又包含丰厚的文化内涵，凝聚着人类的知识、智慧和创造，是水利先贤留给我们的丰厚遗产，也给后人以深邃的文化智慧和思想启迪。

在中华文明的发展历程中，随着社会的发展进步，人类对水的管理越来越全面，在洪涝灾害防御、水资源配置、水资源保护等方面，形成了内容丰富的法律、制度和乡规民约。我国的水利法规已有2000多年历史，其中主要有春秋时期"无曲防"的条约、西汉的《水令》《均水约束》、唐代的《水部式》、宋代的《农田水利约束》、金代的《河防

▲ 唐代的《水部式》书影

令》、民国时期的《水利法》等。在长期实践中，负责水管理的机构和水利职官的设立逐渐形成了一套完整体系，例如都江堰独具特色的"堰工会议"，在水管理中发挥了重要作用。在治水、管水的基础上形成的中国社会的政府管理体系，积淀为历史上的制度水文化和制度文明。治水活动不仅创造了中华民族的物质文明，而且创造了中华民族的精神文明，同时也创造了先进的治水理念：大禹疏导洪水的方法，成为后世治水的借鉴；西汉贾让治河三策中的"上策"，充分体现了人与洪水和谐相处的思想；潘季驯在长期治黄实践中总结出的"筑堤束水、以水攻沙"的治黄方略，体现了治理黄河的系统性、整体性和辩证法观念，对今天的黄河治理仍然有着十分重要的意义。特别是在治水活动中形成的大禹精神，如"身执耒（lěi）臿（chā），以为民先"的吃苦耐劳、坚忍不拔、以民为本精神，"左准绳、右规矩""因水以为师"的面向现实、脚踏实地、求实负责精神，"非予能成，亦大费为辅"的发挥集体力量、同心协力、团结治水精神，都已成为中华文化的重要内涵。

▲ 山东武氏祠汉代画像石拓——夏禹

　　"夫水之行于地也，焕然而成文。故水利之废兴，农田系焉，人文亦系焉。"（林则徐语）历史中的水利，是中华民族图强奋斗的历史；今天的水利，在追求江河安澜的不懈努力中，将创造山川美好的未来。

第二章 从史前到战国

小贴士

史前水利工程

　　距今 6000 年至距今 4000 年的史前时期，黄河、西辽河流域的先民以种植粟（小米）和黍（黄米）为主，长江中下游地区的先民以种植水稻为主。史前时期北方地区需要存储水资源以应对漫长旱季的人畜生存需求，长江中下游地区需要在梅雨季节积极预防洪涝灾害，同时又必须存储足够的水资源来确保伏旱、秋旱出现时能够对水稻等农作物实施灌溉。由此导致长江中下游的史前治水文明非常发达，甚至出现了规模宏大的史前水利工程。

　　史前水利以禹建夏朝为界限，夏代以前的水利活动和水利设施称为原始水利，或叫作史前水利。

　　探索史前水利主要有两条途径。一是依据古文献记载的传说，进行判断与综合分析。过去有的学者称中国古史记载传说所反映的时代为"传说时代"。不少水利史学者的著作中从女娲"炼五色石以补苍天""积芦灰以止淫水（平地出水为淫水）"（《淮南子·览冥训》），共工氏"壅防百川，堕高堙庳"（《国语·周语下》），到尧、舜时"汤汤洪水方割，荡荡怀山襄陵，浩浩滔天""鲧障洪水"（《国语·鲁语上》），禹"决九川距四海，浚畎浍距川"（《尚书·益稷》）等，论述都很详尽。二是依据考古学者田野考古发掘的发现和研究成果，并以此作为基础，进行水利史学的研究，力求揭示史前时代原始水利的具体形态及其发展的轨迹。

◎ 第一节　稻作遗址证灌溉

　　中国是世界上三个农业起源中心之一，黄河流域、长江流域分别是粟、黍和水稻的起源地。考古发现说明中国原始农业中，北方是以种植粟、黍为主的旱作农业，南方是以种植水稻为主的水田稻作农业，这是两种不同的农作系统。水稻栽培与灌溉相伴而生，灌溉是随着水田稻作农业萌芽、发生、发展起来的。《淮南子·说山训》说："稻生于水。"稻作农业需要有明确的田块和田埂，田块内必须保持水平，否则秧苗就会受旱或被淹；还必须有灌排设施，旱了有水浇灌，淹了可以排渍。

考古学家严文明教授对中国史前栽培稻遗存做过统计，从 1954 年发现湖北京山屈家岭遗址的稻谷稻壳遗存以来，到 1993 年年底，中国史前栽培稻遗存的出土地点已达 146 处。这些史前稻谷遗存的年代，最早的是湖南澧县彭头山、李家岗等彭头山文化遗址，都在新石器时代中期，约为公元前 7000 年至前 5000 年。到了 1993 年、1995 年，这方面的考古又有新的突破。湖南省文物考古研究所在道县玉蟾岩进行两次发掘，先后发现 4 粒稻谷壳，经测定，年代为公元前 1 万年以前，是目前所知世界上最早的稻谷遗存。中国农业大学张文绪教授作了鉴定，这是一种兼有野、籼、粳综合特征的普通野生稻向栽培稻初期演化的最原始的古栽培稻类型，定名为"玉蟾岩古栽培稻"。由中国和美国学者组成的农业考古队，也分别于 1993 年、1995 年在江西万年县发掘了仙人洞、吊桶环两个遗址，出土的稻属植硅石遗存，有的考古文化层位，其年代约在距今 14000 年至 11000 年之间出现共存的野生稻和栽培稻植硅石。

考古工作者在探索农作物的起源和发展中，在 20 世纪 90 年代发掘发现了我国史前稻田灌溉遗迹。南京博物院、江苏省农业科学院与日本宫崎大学对草鞋山遗址古稻田进行合作研究。草鞋山遗址位于苏州市城东 15 千米处的阳澄湖畔，属于太湖平原马家浜文化时期的遗址。发掘工作由南京博物院主持，苏州博物馆、吴县市文物管理委员会和江苏农业科学院专业人员组成的考古队承担，自 1992 年开始，至 1994 年发掘结束。

小贴士

马家浜文化

中国长江下游地区的新石器时代文化。因为浙江省嘉兴市南湖乡天带桥村马家浜遗址而得名。主要分布在太湖地区，南达浙江的钱塘江北岸，西北到江苏常州一带。约始于公元前 5000 年，距今已有 7000 余年的历史，到公元前 4000 年左右发展为崧泽文化。

此次考古发掘发现了距今 7000 年左右的马家浜文化时期的水田和灌溉系统遗迹结构。东片遗址有：水田 33 块，水沟 3 条，蓄水井（坑）6 个，以及相关的水口。西片遗址有：人工大水塘 2 个，水田 11 块，水沟 3 条，蓄水井（坑）4 个，以及相关的水口。

水田田块面积较小，小者几平方米，大者十几平方米，为小块水田群，是两种类型的灌溉系统：一是以蓄水井（坑）为水源的灌溉系统。由蓄水井（坑）、水沟、水口组成，所有田块和水井相互串联，可相互调节水量。大的水井口径尺寸为 1.8 米 × 1.5 米，深 1.9 米，可存水量 3 米^3。通向水井的水沟，上游未发掘，据判断应有水源地存在。二是以水塘为水源的灌溉系统。所有田块分布在大水塘沿边，有水口沟通水塘，田块群体串联，可调节稻田水量。西片灌溉系统已经比东片进步，从田边挖水井（坑）汲水，发展到挖水塘，通过水口从塘中引水灌溉，又通过水口排水。同时还发现穿牛鼻耳高领罐的盛水容器，水井井壁有踏台便于汲水，反映"古者穿地取水，以瓶引汲"的情形。

草鞋山遗址是考古首次发现的公元前 4000 年的马家浜文化时期水田稻作农业灌溉系统遗址，为迄今为止所能见到的最早的农田水利。湖南澧县城头山也发现公元前 4000 多年前的稻田，但未有灌排设施的信息。到了公元前 3000—前 2000 年，屈家岭—石家河文化时期，就出现了较大规模

▲ 草鞋山古水稻田遗迹

▲ 马家垸古城遗址

的灌溉工程。湖北荆门市马家垸古城遗址，从城西
到城东南有一条人工内河穿过，将城外的河流及城
壕沟通，在内河及城壕附近都有面积较大的水田低
地。在屈家岭文化时期，其他的如阴湘城、城头山城、
走马岭城也有类似人工水系。这些水系都具有排水、
灌溉和行船等综合功能。水利灌溉工程的发展，必
然会带来水稻种植面积的扩大和粮食产量的增加。
可见这个时期原始稻作农业水利设施进入了一个较
大发展的阶段。

　　考古发现说明了我国的灌溉起源于长江流域
的水田稻作农业，同时也说明，作为世界四大文明
古国之一的中国，史前灌溉工程出现的年代与其他
文明古国同期。江苏草鞋山马家浜文化时期的水田
灌溉系统遗址，其年代正好距今 6000 年左右。不
过，中国农田灌溉的起源似可追溯到比马家浜文化
时期更早的年代，即距今 7000 年左右的河姆渡文
化时期。浙江余姚河姆渡、桐乡罗家角出土了大量
的稻谷、稻壳遗存。应当指出的是，河姆渡遗址出
土了大量工具，仅第四层就出土了 170 多件骨耜，
系采用大型哺乳动物（可能是水牛）的肩胛骨加工
制成，长 20 厘米左右，肩臼处横凿方孔，骨质较
轻薄者则无方孔而将其修磨成半月形，骨板正面中
部琢磨出浅平竖槽，在浅槽下部两侧各凿方孔。同
时发现了木柄，顶端修成"丁"字形或雕出抓手孔，
下端贴着骨板，用藤条穿过方孔将柄绑紧。这些骨
耜由于长期使用，刃缘已磨蚀甚深。❶这种类型的农

---

❶ 引自：中国社会科学院考古研究所 . 新中国的考古发现和研究 [M]. 北京：文物出版社，1984。

具后代称为"耒"或"锸",西汉有"举锸为云"的歌谣,其功能可翻土、开渠。有了耜,原始稻作修沟渠就有可能。"根据水稻生产特点来推测,河姆渡人从事水稻生产,已经初步掌握了根据地势高低开沟引水和做田埂等排灌技术。"

◎ 第二节 水井开凿历史长

开凿水井是人类的重要发明,有了水井就扩大了人们的生活空间,扩大了人们经济活动的区域,有可能离开江河湖泊之滨到更远的地方去生活和生产。原始社会水井按功能区分有两种类型:一是属于生活用井,包括制陶用水;二是属于灌溉用井。

古代文献记载"伯益作井"(《世本·作篇》),

▲ 原始农耕的余姚河姆渡原始居民的水井和草棚复原图

伯益是传说时代凿井技术的发明者。在水井遗址考古发现以前，井内有 14 层井字形木架加固井壁。可见当时凿井技术工艺已比较高。

我国迄今发现年代最早的水井遗迹是河姆渡遗址二层发掘的一座浅水井。方形井口，

▲ 河姆渡井遗址

边长约 2 米，每边井壁打下几十根排桩，用 1 个由榫卯套接而成的方木框下于井底以防四周井壁排桩倾倒。井口框架由 16 根圆木构成，井深约 1.35 米。水井外围有 28 根栅栏桩，并在水井内发现辐射状的小圆木结构和苇席残片，推断此井盖有井亭。

到了距今 7000 年的马家浜文化时期和距今 5000 年左右的良渚文化时期，已经出现了农田灌溉用井。

江苏苏州市吴中区草鞋山马家浜文化遗址发掘出井、水塘、水沟构成的水田灌溉体系，使人们重新评价水井的功能。以往的田野考古工作中，我国境内新石器时代遗址中曾出现过众多的水井遗存，而对史前时期水井的问题，说法不一。有的学者根据江苏阳澄湖遗址发现大量的良渚文化时期水井，推断新石器时代的水井还不能用于水稻种植和灌溉农业，主要分析所发现水井与周围遗迹单位的关系。如果是在原始村落居住地、陶窑旁发现的水井，那可能是生活用井，而像草鞋山遗址马家浜文化时期水田群中存在的那种水井，应该用于农业生产。

◎ 第三节 古城防洪建城池

龙山文化时期（约公元前 2600—前 2000 年）也就是鲧、禹治水以前，我国已经有了远古人类的中心聚落，都城是为了御敌而建的，但是城墙在客观上还有另外的功能。古文献记载"鲧作城"，古人已把"作城"和防洪联系在一起。护城河和城墙体系还是与自然斗争的手段，能起到防洪排洪的作用。"一旦暴雨成灾，河流泛滥，洪水就会淹没田野，涌向城市。如有坚固的城墙，就可以事先关闭城市，并用土密塞，把洪水挡在城外。城外的人口也可以在洪水到来之前入城躲避。洪水围城期间，护城河自然就成为导水排水的通道。"❶考古界"陆

▲ 寿县古城墙

❶ 引自：郑连第.古代城市水利 [M]. 北京：水利电力出版社，1985。

续发现的早于二里头文化的史前城址，1991 年以前有 20 多座，1995 年即增加到 30 多座，至 1997 年更达到 40 多座，现在❶已知有 50 多座了"。这些城址分布在河南、山东、湖北、湖南、四川和内蒙古等省（自治区），年代大体相当于公元前 3000—前 2000 年。现在所知年代最早的城址是郑州西山仰韶文化城址、湖南澧县城头山最早一期属于大溪文化的城址。❷

龙山文化时期的古城城址都有城垣和城池（护城河）形成防卫体系。建在平原和靠近江湖的古城除了防御敌人进攻的军事功能之外，还有防御洪水的功能。长江中游湖北天门市的石家河、荆门市的马家垸、石首市的走马岭、江陵县的阴湘城，湖南澧县的城头册城和鸡叫城等城址，属于屈家岭文化晚期至石家河文化早期，即相当于龙山文化早期的城址。❸其城垣可能都有防洪功能。石家河古城遗址位于天门市石河镇北约 1 千米，北靠丘陵，南临北港湖，城址处于两条小河汇合处的三角形地带。城址界呈长方形，南北长 1000 余米，东西长 900 余米，城垣夯土筑成，残高有三四米，城垣底

▲ 天门石家河古城遗址

❶ 指 1999 年。
❷ 引自：严文明．农业发生与文明起源·文明起源研究的回顾与思考 [M]．北京：科学出版社，2000。
❸ 引自：张绪球．长江中游石器时代文化概论 [M]．武汉：湖北科学技术出版社，1992。

宽四五十米，环城壕沟宽广也有数米。[1] 城头山城址现存城垣略呈圆形，外径 325 米。墙体宽 10 余米，残高 4 ~ 5 米，夯筑而成，东南西北各有城门。护城河大部为人工挖成，只利用一段自然河道。护城河宽 30 余米，与自然河道相通。[2]

黄河流域发现的龙山文化城址河南省辉县市孟庄、淮阳县平粮台等城也应具有防洪作用。孟庄城址在辉县市孟庄镇，平面呈正方形，每边长约 400 米，面积约 16 万米^2。主墙体底宽 8.5 米，夯土筑成，另在主墙体内外各加宽约 10 米的夯土。城外有护城河，深 5.7 米。[3] 四川成都市的新津区宝墩、温江区鱼凫村、都江堰市芒城村、郫州区古城、崇州市双河村及紫竹村等 6 座古城遗址，其年代都在 4000 年以前。从"六座城多数选择在两河之间的较高台地以及城墙的走向顺应水势的特点看，已起到一定的防洪作用，不过，如果遭遇较大洪水，土筑城墙的作用，仍然有限"。[4]

龙山文化时期已出现众多由城垣和护城河构成的城市防御工程，在此之后的"鲧作城"传说，不能解释为修护村围子，因为鲧禹治水的年代，是在龙山文化时期之后。龙山文化时期出现大批的城址，说明当时的聚落结构，已发展到一般的乡村聚落。都邑聚落是由城垣、护城河防御的都市组成，都市

❶ 引自：严文明. 农业发生与文明起源·龙山时代城址的初步研究 [M]. 北京：科学出版社，2000。
❷ 引自：湖南省文物考古研究所. 澧县城头山屈家岭文化城址调查与试掘 [J]. 文物，1993 (12)。
❸ 引自：袁广阔. 辉县孟庄发现龙山文化城址 [J]. 中国文物报，1992 (12)。
❹ 引自：严文明，安田喜宪. 稻作、陶器和都市的起源 [M]. 北京：文物出版社，2000。

是人口和财富集中之地，不仅是敌人进攻的主要对象，而且也是受洪水威胁之地。根据当时的生产力发展水平和人口分布状况，可以设想所能采取的防洪措施是：先作城，尔后才有河道防洪工程。文献记载西周时期有了堤防。找到远古堤防的踪迹很不容易。考古尚未发现夏商周三代的堤防遗址。黄河水利委员会专家实地考察过古堤汉堤遗存。

龙山文化时期长江流域两湖地区的城市城壕，开了沟通江河发展水运之先河。马家垸城、阴湘城、城头山城和走马岭城等都有沟通自然河道的人工水系。这些水系都具有排水、灌溉和行船的功能，城头山城壕沟内发现两只船桨，就是很好的证明。❶我国人工开挖河道沟通江河的历史，似可追溯到距今5000年前的龙山文化时期。

史前水利的不少问题尚不清楚，尧舜时期洪水、鲧禹治水以及大禹治水与禹建夏朝的关系，还需要多学科协力研究。至于史前稻作农业灌溉工程出现和发展的具体形态，长江流域稻作灌溉对黄河流域旱地农业的影响，还有龙山时期古城防洪功能的分析研究等，都有值得探讨之处。

▲ 澧县城头山稻田遗迹

❶ 引自：严文明，安田喜宪. 稻作、陶器和都市的起源 [M]. 北京：文物出版社，2000。

◎ 第四节 大禹治水定九州

相传在4000多年前的尧舜时代，黄河流域连续发生特大洪水。"汤汤洪水方割，荡荡怀山襄陵，浩浩滔天。"（《尚书·尧典》）滔滔洪水淹没了平原，包围了丘陵和山冈。大批人口和牲畜死亡，房舍和积蓄也为洪水所吞噬。大水经年不退，灾民们扶老携幼，到处漂流，人民陷入空前深重的灾难之中。

尧主持召开部落联盟议事会议，专门研究水患问题。当时部落联盟议事会议主要由"四岳"（即四个部落首领）组成，他们一致推荐有治水传统的夏族首领鲧主持治水。鲧采用"堙障"办法，修筑堤坝围堵洪水。但是洪水如此之大，所修筑的堤坝频繁地被大水冲垮。鲧治水九年，耗费无数的人力、物力，但没能制止水患。尧的助手舜巡视各地，发现鲧治水无方，便把鲧放逐到羽山（今山东郯城附近），将他处死在那里。

尧死后，舜继位为部落联盟领袖。经过部落联盟议事会议的推荐，又派鲧的儿子禹继续治理洪水。禹联合了共工氏和伯益、后稷等许多部落，继续向洪水展开大规模的斗争。他吸取了鲧治水失败的惨痛教训，改变单纯筑堤堵水的办法，采用疏导的策略。《淮南子·原道训》记载："禹之决渎也，因水以为师。"说他以水为师，善于总结水流运动规律，利用水往低处流的自然流势，因势利导地治理洪水。为了掌握下游地区的地形情况，大禹"左准绳，右规矩""行山表木，定高山大川"，带着测量工具，到各处勘察地形，测量水势。在此基础上，他带领百姓"疏川导滞"，根据地形地势疏通河道，排除积水，洪水和积涝得以回归河槽，流入大海。经过十多年的艰苦努力，终于制服了洪水。"水由地中行，然后人得平土而居之。"于是，人们纷纷从高地下来，回到平原上。接着，禹又带领人们开凿沟渠，引水灌溉，发展农业，化水害为水利，在黄河两岸的平原上开垦出了许多良田和桑土，使之成为人们安居乐业的地方。《诗经》歌颂禹的功绩说："奕奕梁山，维禹甸之。"说他平治了水灾，把梁山之野开辟为良田。

大禹治水工作艰苦而繁忙，他和涂山氏女结婚后的第四天，就离家去参加治水。作为一个部落首领，他"身执耒臿，以为民先"，亲自指挥和带领大家劳动。他经常光着双脚下水干活，风吹日晒，栉风沐雨，小腿上的毛都磨光了，脸庞也变黑了。他就这样"劳身焦思"，辛辛苦苦地干了13年，"三过家门而不入"，一心扑在治水事业上。

大禹很注意集中百姓的智慧和力量。在生死攸关的危机面前，各氏族部落齐心协力，团结协作，保证了治水的成功。大禹领导百姓平治水土、发展生产有功，得到人们的拥护，人们便把这位治水英雄推举为政治领袖。虞舜去世以后，禹就接替舜当了部落联盟的领袖（当时，部落联盟的领袖由各氏族部落的首领民主推举产生，这种推举制度叫做"禅

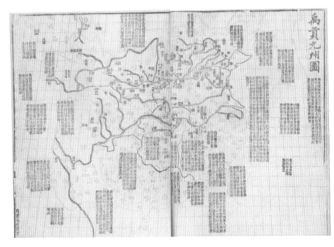

▲《禹贡》九州图

23

让"）。禹是原始社会末期由民主推举产生的最后一个部落联盟领袖。在治水过程中，大禹自然地拥有了至高无上的权力和威望，形成了对部落联盟的强有力的领导。他"铸九鼎""定九州"，按照行政区划加强对各氏族部落的管理，并且使"人物高下各得其所"，划分出统治阶级和被统治阶级。原始的民主制度逐步被打破。后来，大禹的儿子启被拥戴为王，我国第一个奴隶制国家夏朝由此诞生。大禹治水成为中国古代国家历史的开端，因此，在我国历史上，治国与治水始终密不可分。

在世界上，许多国家都流传着远古大洪水的神话，都说在远古时代有一次不可抗御的滔天洪水，几乎灭绝了民族，最后仰仗神的旨意，才得以避险，使极少数人生存下来。而只有在中华民族的神话里，才有洪水被大禹治理得"地平天成"。这是民族精神的伟大象征，永远激励着中国人民与水旱灾害进行坚持不懈的斗争。

大禹治水的功绩一直受到后人的赞颂和怀念。战国时期仍有人感慨："微禹，吾其鱼乎！"说要不是禹，我们现在早已变成鱼虾了。大禹治水的地域，据专家考证，是在今河北东部、河南东部、山东西部、山东南部及江苏、安徽的淮北部分。后来，大禹治水的传说普遍流传，在以后世代的口口相传中，人们把远古时代许多重要的水利活动都附会在大禹身上。人们甚至将一些自然力创造的奇迹，也附会在大禹的身上，更增加了几分神话色彩。传说他除了治理冀、兖、青、徐、扬、荆、豫、梁、雍九州的平原河湖陂泽外，还导江岷山、导淮桐柏、导河积石，凿龙门，辟伊阙，下砥柱等。

又传说他死后葬在浙江绍兴的会稽山下，也就是今天的大禹陵。对大禹的缅怀，是对英雄的纪念，也是对治水的期盼。

▲ 绍兴大禹陵

◎ 第五节 邺令引漳破河伯

战国时期（公元前475—前221年）魏国有个叫邺（今河北临漳县西南）的地方，是个军事要地。邺地土地肥沃，气候温和，但是境内的漳水却常常泛滥成灾。每年夏秋雨季，山洪暴发，万壑奔腾，横冲直撞，摧毁房舍，吞没田园，给当地人民的生命财产造成了很大损失。人们深受水患之苦。

西门豹，复姓西门，名豹，魏国人，是我国历史上著名的政治家和水利家。魏文侯任命西门豹为邺令，让他担任当地的最高行政长官。

魏文侯二十五年（公元前422年），西门豹到了邺地。他目睹一片田地荒芜、人烟稀少的景象，就把当地的父老请来，询问民间疾苦。父老们说："这儿的老百姓最苦的事情要数替河伯娶亲了。这件事闹得大家贫困交加、不得安宁。"西门豹问是怎么回事。父老们说："巫婆只要看上谁家姑娘长得漂亮，就强行为河神订婚聘娶。到了河伯娶亲那天，巫婆把挑选来的姑娘梳妆打扮一番，然后在河中放一张铺着新席的木床，让新娘坐在上面顺水漂去。木床漂浮数十里，就连女孩儿一起沉下去了。所以有女孩的人家，由于害怕河伯娶亲，都逃到外地去了，人口越来越少，地也就渐渐荒芜了。"西门豹听到这里，已明白这是地方官绅和巫婆巧立名目，搜刮民脂民膏的一种手段。于是对他们说："到下次河伯娶亲时，你们告诉我一声，我也要去送送新娘。"

到了河伯娶亲的日子，西门豹和当地父老赶来送亲。"三老"、廷掾等地方官吏和当地的土豪劣绅都早早来到河边。围观的有两三千人。等到仪式一开始，西门豹便说："把新娘领来让我看看。"巫婆急忙把打扮好的姑娘领了过来。西门豹看了一眼便说："这新娘不漂亮，河伯不会满意的。麻烦巫婆先给河伯说一声，本官要给河伯选个漂亮的，过两天就送去。"说罢，不由分说，就命令卫士抱起老巫婆，把她扑通一声投进了漳河。那巫婆在河水中扑腾了几下就沉下去了。过了一会儿，西门豹说："巫婆怎么这么久还不回来？派个弟子催她一下。"就这样接连将老巫婆的三个弟子投进了河中。西门豹又道："看来巫婆和她的弟子都是女的，不能把事情讲清楚，还是麻烦'三老'去告诉一声。"于是又把"三老"投进了漳河。看到这种情景，周围的人都吓呆了。可是西门豹仍然不动声色，严肃恭敬地等着。再过了一会儿，西门豹又要派廷掾和一个豪绅去送口信。他们早已个个吓得面如土色，连忙跪下来磕头求饶，额头都磕得鲜血直流。西门豹才说："看样子河伯要长久地留着客人了，你们都回去罢。"邺地的吏民百姓都惊恐万状，从此以后再没有人提起为河伯娶亲的事了。

揭穿了巫婆神怪的种种骗局以后，西门豹就请来魏国的能工巧匠一起察看漳水地形，进行规划设计，随即"发民凿十二渠，引河水灌民田"。

具体做法是："二十里中作十二磴，磴相去三百步，令互相灌注。一源分为十二流，皆悬水门。"（《水经注·浊漳水》）就是在二十里的河段上建筑了12道低溢流堰，每堰上游都开一个引水口，设闸门控制。每口开凿1条渠道，共12条渠道，使境内农田都能得到灌溉。这就是著名的"引漳十二渠"—— 我国最早的多首制大型引水渠系。据历史记载和中华人民共和国成立后对工程遗址的考察，引漳十二渠的渠首是在漳水出山口处，即冲积扇上部，引水口都在漳水南岸。这里地势很高，土质坚硬，河床稳定，引水方便。加之河水含沙量大，设计采取多水口方式，能够获得良好的灌溉效益。这说明当时的水利工程技术已达到了相当高的水平。

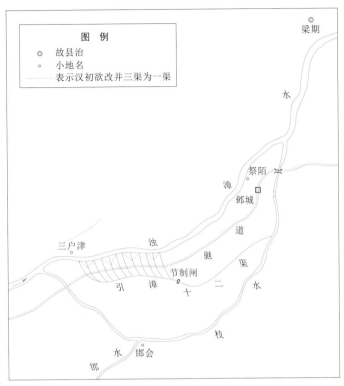

▲ 引漳十二渠（据《史记》记载改绘）

引漳十二渠在大水时可以分泄漳河洪水，干旱时可以灌田10多万亩。漳水含有大量的细颗粒泥沙，有机质肥料丰富，引水灌田不仅可以补充作物需水，而且能够落淤肥田，遍布于十二渠两岸的盐碱地也因此得到了改良，使邺的田地成为"膏腴"，粮食亩产量较修渠前提高了8倍以上。水利的开发加速了经济的发展，魏国也随之富强起来。

西门豹的故事，千百年来为人们所传颂。他亲手主持兴办的引漳十二渠，经人们的不断整治，灌溉效益一直延续到唐代至德年间（756—758年），有1000多年。《史记》称赞他道："故西门豹为邺令，名闻天下，泽流后世，无绝已时，几可谓非贤大夫哉！"西门豹死后，邺地百姓在他治水的地方兴建了西门豹大夫庙和投巫池。宋、明、清三朝还为他树立了碑碣，歌颂这位无神论者的治邺功绩和人民对他的崇敬与感念。

◎ 第六节 芍陂安丰惠民长

在大别山东南的沃野上，有一波方方正正的碧水，犹如陆中之海。但它其实是个巨大的人工平原水库、我国最早的大型蓄水灌溉工程，在安徽寿县这方土地上已经存在了2000多年，古名芍（què）陂（bēi），今名安丰塘。

安徽寿县地处大别山北麓余脉，东、西、南三面地势较高，北面向淮河倾斜，地势低洼。地理位置正处于中国南北气候过渡地带，降水量分布不均匀，夏秋季节暴雨频发，容易引发洪涝灾害，雨季过后又极易发生旱灾。

早在春秋时期中叶，寿春（今寿县）一带已经成为楚国重要的农业区，其粮食丰歉对当地的军需民用关系极大。楚

▲ 安徽寿县芍陂

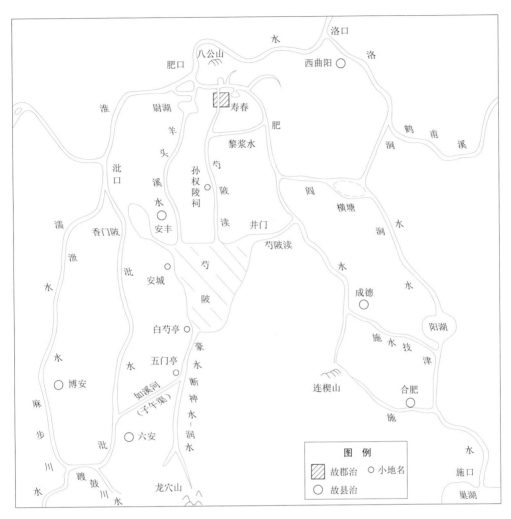

▲ 芍陂水系示意图（约公元前439年）

（引自：张芳.中国古代灌溉工程技术史 [M].太原：山西教育出版社，2009）

庄王时期（公元前613—前591年），令尹宰相孙叔敖奉庄王的命令，在今河南固始至安徽霍邱、寿县一带大兴水利。"决期思（今河南省固始县西北）之水，灌雩娄（今安徽合肥的西北、霍邱西南）之野"（《淮南子·人间训》），并且兴建了我国有记载的第一座人工大水库——芍陂。

孙叔敖考察当地环境与地形特点，组织人民修建工程，将东面积石山、东南面龙池山和西面六安龙穴山流下来的溪水汇集于低洼的芍陂之中，并修建5个水门，以石质闸门控制水流，"水涨则开门以疏之，水消则闭门以蓄之"，这样旱时有水灌田，涝时则蓄水减灾。后来又在芍陂的西南方开了一道子午渠，上通淠河，扩大了芍陂的来水量和蓄水能力，使其达到"灌田万顷"的规模。

芍陂建成后，寿县一带旱涝保收，每年都能生产出大量的粮食，很快成为楚国的经济要地，楚国更加强大起来，打败了当时实力雄厚的晋国军队，楚庄王也一跃成为"春秋五霸"之一。战国末期，楚国为强秦所败，楚考烈王便把都城东迁至此（公元前241年），并改寿春为郢。这固然是出于军事上的需要，也是由于芍陂这一水利工程奠定了重要的经济基础。

芍陂在很长一段时期一直是淮河流域最大的水利工程，发挥着巨大效益，历代也在不断整治。

第一次较大规模的整修是在东汉建初八年（83年），由治河专家王景主持。当时，芍陂已经经历了六七百年的岁月，年久失修，陂内淤塞严重，堤坝和渠道都残破不全。王景时任庐江太守，亲自组织官吏和附近的群众清除陂内的淤积物，重新修筑拦河土坝，整理渠道。据说他还在新修的拦河坝上，从坝顶到坝底打上一排排的木桩，用以加固坝身。此外，他还推广了牛耕和蚕织技术，从此以后，寿春地区"垦辟倍多，境内丰给"。西汉时期芍陂也开始有专设的陂官来进行管理。

三国时期，曹魏在淮河流域进行了大规模的屯田，大兴水利，先后多次修建芍陂。其中规模较大的有两次：一次是在建安五年（200年），由扬州刺史刘馥修治；另一次是在魏正始二年（241年），由邓艾修治。邓艾还在附近修建大小陂塘50余所，大大扩展了这一带的灌溉面积；在芍陂北岸又凿大香门通淠河，开芍陂渎引水通肥河，以利大水时泄洪。当时，"沿淮诸镇，并仰给于此"。可见，这时的芍陂又发挥了显著的作用。到西晋太康（286—289年）后期，"旧修芍陂，年用数万人"，说明芍陂已建立了岁修制度。

南朝元嘉七年（430年），豫州刺史刘义欣不仅对水源加以疏通，修复堤防，整理引水渠，还对霸占陂田的豪吏给予打击。芍陂得以恢复，其灌溉作用大大促进了淮南地区的农业生产。

隋开皇中（约590年），寿州总管长史赵轨对芍陂水利工程进行了一次大的改造，由孙叔敖初建时的"五门"增为"三十六门"。三十六门一直延续到清代，后来又演变为二十八门，时至今日，芍陂的一些水门都是在古代三十六门的基础上整修或者重建的。到了唐代，芍陂灌区仍然建立屯田，"陂经百里，灌田万顷"，并有安丰塘的名称，一直沿用至今。

后来，芍陂又经过了多次修治。但由于上游水土流失和淠源河逐渐淤塞，芍陂被占垦现象严重，70%的塘身被占为田，灌溉面积锐减，至民国时已近乎消亡，1949年中华人民共和国成立以后逐渐恢

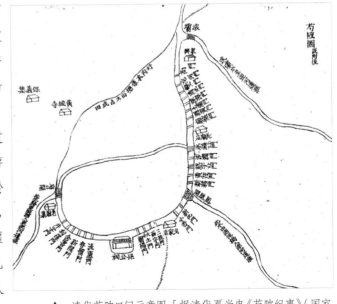

▲ 清代芍陂口门示意图［据清代夏尚忠《芍陂纪事》（国家图书馆充编本）改制］

复了其灌溉效益。

安丰塘（芍陂）历经2000余年漫长的历史兴衰，现在经过扩建，已经成为淠史杭灌区的重要组成部分，蓄水量可达1亿米^3，灌溉面积达到60余万亩，并有防洪、除涝、水产、航运等综合效益。为感激孙叔敖的恩德，后代在芍陂等地建祠立碑，称颂和纪念他的历史功绩。

◎ 第七节 因势利导都江堰

岷水丰盈富四川，天府之国美名传。滚滚岷江水，经过都江堰的控制和调节，浇溉田亩，滋润庄稼，使蜀地五谷丰登，人民丰衣足食。成都平原能够如此富饶，被人们称为"天府"乐土，从根本上说，是李冰创建都江堰的结果。

成都平原位于四川省的西部，流势湍急的岷江从中穿过。在都江堰未修建之前，岷江是古蜀国（今四川西部）的一条害河。

岷江是长江上游的重要支流，发源于四川省西部，其上游发源于地势陡峻的岷山，河窄坡陡，水流湍急，一到成都平原，流速突然减慢，因而挟带的大量泥沙和岩石随即沉积下来，淤塞了河道。特别是在灌县（即今都江堰市）城外，又有一座玉垒山，挡住了岷江，使江水不能顺利东流。在古代，每当岷江洪水泛滥，成都平原就是一片汪洋；一遇旱灾，又是赤地千里，颗粒无收。

▲ 都江堰

岷江水患长期祸及西川，鲸吞良田，侵扰民生，成
为古蜀国生存发展的一大忧患。

秦昭襄王五十一年（公元前 256 年）李冰任蜀
郡守。李冰通过详细勘察，制定出了防洪、灌溉和
航运兼顾的综合治江规划，成功地解决了分水、引
水、泄洪、排沙等许多复杂的技术难题。经过多年
的艰苦劳动，终于修成了一座能分洪减灾、灌溉农
田、行舟走船的无坝引水工程 —— 都江堰。

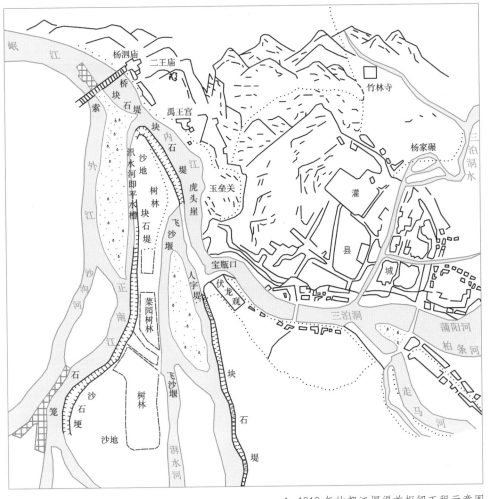

▲ 1910 年的都江堰渠首枢纽工程示意图

▲ 都江堰鱼嘴

都江堰水利枢纽工程位于岷江由山谷河道进入冲积平原的地方，沿江自上而下，由百丈堤、鱼嘴、金刚堤、飞沙堰、宝瓶口和人字堤等组成，其中主要是鱼嘴、飞沙堰和宝瓶口。

"鱼嘴"是都江堰的分水工程，因其形如鱼嘴而得名。它昂头于岷江江心，把岷江分成内外二江。西边叫外江，俗称"金马河"，是岷江正流，主要用于排洪；东边沿山脚的叫内江，是人工引水渠道，主要用于灌溉。鱼嘴的设置极为巧妙，它利用地形、地势，巧妙地完成分流引水的任务，而且在洪水、枯水季节的不同水位条件下，起着自动调节水量的作用。鱼嘴所分的水量有一定的比例：春天，灌区正值春耕，需要灌溉，这时岷江流量较小，主流直入内江，水量约占六成，外江约占四成，以保证灌溉用水；洪水季节，二者比例又自动颠倒过来，内江四成，外江六成，使灌区不受水患灾害。

"飞沙堰"的作用主要是当内江的水量超过宝瓶口流量上限时，多余的水便从飞沙堰自行溢出；如遇特大洪水的非常情况，它还会自行溃堤，让大量江水回归岷江正流。另一作用是"飞沙"，岷江从万山丛中急驰而来，挟着大量泥沙、石块，如果让它们顺内江而下，就会淤塞宝瓶口和灌区。飞沙堰真是"善解人意、排人所难"，将上游带来的泥沙和卵石，甚至重达千斤的巨石，从这里抛入外江（主要是巧妙地利用离心力作用），确保内江通畅，确有鬼斧神工之妙。

"宝瓶口"是前山（今名灌口山、玉垒山）伸向岷江的长脊上凿开的一个口子，它是人工凿成控制内江进水的咽喉，因它形似瓶口而功能奇特，故名宝瓶口。宝瓶口宽度和高程都有极严格的控制，古人在岩壁上刻了几十条分划，取名"水则"，那是我国最早的水位标尺。内江水流进宝瓶口后，

▲ 都江堰宝瓶口

通过干渠经仰天窝节制闸，把江水一分为二；再经蒲柏、走江闸二分为四；顺应西北高、东南低的地势倾斜，一分再分，形成自流灌溉渠系，灌溉成都平原。惠及绵阳、射洪、简阳、资阳、仁寿、青神等市县近 1 万千米^2、1000 余万亩农田。

上述三项主体工程是有机的整体，互相配合，相辅相成，缺一不可。加上百丈堤、平水槽、人字堤、马脚沱、节制闸等诸项附属设施，便构成一套科学、完整的排灌系统，达到了"分洪以减灾，引水以灌田"的水利目的。所有施工材料都就地取材，采用当地盛产的竹、木和鹅卵石等。

▲ 都江堰水则

为了长久地发挥都江堰的效用，李冰又和当地劳动人民一起，创立了科学简便的岁修制度。他们设立了工程管理机构，选派了专职管水官员。规定"一年一岁修，五年一大修"。岁修时间定为每年十月至第二年四月（农历），即灌溉用水少、岷江水位枯落的季节。岁修经费，或由国库开支，或以税款代替；或照夫折款、计亩均摊，或以上交竹木

▲ 二王庙石壁上的"三字经"

免于劳役；或计田收租，或是近者摊工、远者征料；也可以按照用水远近和多少征收水费等办法筹集。岁修的原则是"深淘滩，低作堰"。所谓"深淘滩"，就是把淤积于内江底的泥石清除出去，使河床保持适当的深度，保证江水畅通无阻。否则，不能满足农田用水需要。为了指示深淘的程度，李冰在内江的"凤栖窝"埋了一个石马（明代改成埋3根铁桩，横卧江底，称为卧铁），作为淘挖的标记。只要挖到它，淘挖的深度就适宜了。所谓"低作堰"，就是指每年要整修飞沙堰，堰顶不能筑得太高，一般只应高出堰前河底2米左右。过高了"则至秋水溢伤禾"，淹没庄稼，也会影响飞沙堰的排沙效果。人们非常重视这个经验，把它叫做"三字经"，还把它镌刻在二王庙石壁上。

都江堰水利工程的修建，使成都平原从此"水旱从人，不知饥馑。时无荒年，天下谓之天府。"（《华阳国志》）李冰首创都江堰距今已有2200多年了，虽历代不断维修、改造，但至今基本保持着原貌，并发挥着巨大作用。

四川人民对李冰十分崇敬，尊称他为"川祖"。"川祖庙"几乎遍及全川。宋代以来，民间传说其子二郎，跟随治水有功，父子都被册封为王，俗称"二王"。都江堰左岸山上建有二王庙，供人们瞻仰。

◎ 第八节 郑国渠开秦国强

战国末期，崛起于我国西部的秦国，经过400多年的苦心经营，政治、经济、军事上都远远超过了邻国。它凭据巩固的关中根据地，版图已扩展到富庶的汉中和巴蜀，以后又对邻近的魏、赵、韩等国连续用兵，夺取了上郡、太原、上党等地，势力达到黄河以东。不久，秦国又东进中原，东方诸国，其势危如累卵，而韩国更是首当其冲。

秦王嬴政即位后，决心消灭六国，统一天下，建立中央集权的国家，于是继续发展经济，大兴水利。当时的蜀郡因修了都江堰工程，成为"天府之国"，但因蜀道之难，粮食不能及时运到前方；关中平原土地肥沃，物产丰富，但由于雨水不足，经常遭灾。秦始皇决定把开发水利、建设关中粮仓作为治理政务的当务之急。

郑国，战国时期韩国著名的水利专家。生卒身世无史可考。郑国以水工的身份来到秦国，从秦王政元年（公元前246年）开始主持修建引泾灌区工程。

原来，派水工帮助秦国兴建水利工程，是韩国精心谋划的"疲秦之计"。自从秦兵攻占荥阳之后，韩国危在旦夕，于是希望引诱秦国兴建大型水利工程，消耗其人财物力，以图秦国精疲力竭，最后自动放弃吞并六国的计划。郑国在这种情况下受命来到秦国。实际上，郑国是有远见的人，他不满连年混战，希望国家统一，百姓安居。

郑国主持兴修引泾灌溉工程，总干渠西起仲山

（在今陕西省泾阳县）脚下的泾河，东注洛水，长150余千米，沿途要穿过冶、清、浊、石川等河及无数小河，工程的难度可想而知。郑国入秦后，不顾鞍马劳顿，跋山涉水，实地勘察，访百姓，找水源，观地形，制方案。秦王嬴政采纳了他的方案，调动数十万民工，动工兴建。但修了近10个春秋尚未完工，惹得秦国上下议论纷纷，认为郑国大兴水利，劳民伤财，牵制秦国东征，是别有用心的。郑国申辩："始臣为间，然渠成亦秦之利也。臣为韩延数岁之命，而为秦建万世之功。"可是秦的宗室大臣们仍抓住不放，一致要求秦王下逐客令，郑国一度被囚。后来秦王听取了李斯的上书直谏，才重新信任和起用郑国。

逐客事件平息之后，引泾工程仍由郑国主持。随着这项大型灌溉工程的胜利竣工，干旱多碱的渭北大地，从此得到了河水自流浇灌。泾水东流经今泾阳、三原、高陵、富平和蒲城等县，注入洛水。引泾灌区的广大群众，为了纪念这位给自己送来雨露的能工巧匠，就把这条渠称为"郑国渠"。

郑国渠投入灌溉没几年，它的经济效益就充分显示出来。史书上说"于是关中为沃野，无凶年"，可见，它在很大程度上改变了关中的基本生产条件。在改良当时关中大面积的盐碱地方面，更有预想不到的效果：灌水对土壤的盐分有溶解、洗涤作用；泾水所含大量泥

▲ 郑国渠遗址

沙流入农田后，沉积在地表，又有淤地压碱的效果；泥沙中具有丰富的有机质，又可起到肥田的作用。灌区百姓中流传着这样一首歌谣："田于何所？池阳谷口。郑国在前，白渠起后。举臿为云，决渠为雨。泾水一石，其泥数斗。且溉且粪，长我禾黍。衣食京师，亿万之口。"因此，秦国农业生产得到了很大发展，有了雄厚的经济力量。

在郑国渠通水后没几年，秦国就首先灭掉了韩国，从而戏剧性地结束了围绕郑国渠工程所展开的这场惊心动魄的斗争。接着在以后10年间，兵强马壮的秦国便先后吞灭了赵、魏、楚、燕、齐诸国，完成了统一六国的大业，结束了春秋战国长期分裂混战的局面。

司马迁在《史记》中，把关中水利的开发视为秦国能兼并六国的主要原因之一。从这个意义上说，郑国修水利对统一中国有着重要贡献。

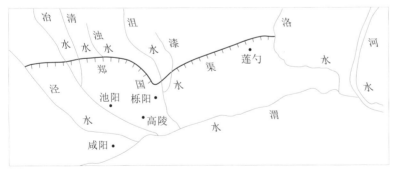

▲ 郑国渠路线示意图（据《史记·河渠书》推测）

第三章

秦汉魏晋时期

◎ 第一节 治理黄河堵决口

中国的防洪治河始于黄河下游，至今已有两千年的历史。黄河含沙量高，洪水涨落迅猛，泥沙淤积快，下游决溢多，所以善淤善决。黄河下游的堤防自战国时形成，当时因为诸侯分立，堤防分属不同的诸侯国，修筑得不尽合理，直至秦建立了中国第一个大一统的封建帝国，才做了一些较为系统的整治。据记载，秦始皇在执政的第 32 年（公元前 215 年），东游碣石，在刻石记颂统一的功德时，曾特别指出，"初一泰平，堕坏城郭，决通川防，夷去险阻"，大意为改建不合理的堤防，可能也包括统一整治黄河大堤。

西汉时期，封建帝国的政治经济已进入成熟期，这一时期在战国堤防的基础上，进行了两岸堤防的系统建设或整顿。黄河下游两岸系统堤防的形成，为社会经济稳定和发展提供了屏障。但是，堤防工程的副作用也开始出现：黄河河槽迅速淤积，形成地上悬河。公元元年前后，黄河开始决口，汉代的水灾逐渐频繁，防洪任务日见艰巨。

西汉时期，黄河大堤进一步修葺完善。一些重要的险工段改为石工，并出现了挑流、护岸等河工工程。据今人考证，汉堤起自今郑州，下游几乎抵达入海口，至今尚有遗迹。系统堤防形成后，主河槽淤积加快，汉文帝前元十二年（公元前 168 年），黄河第一次自然决口，此后逐渐频繁。自汉武帝开始，治黄活动成为国家的要务。汉武帝还亲自指挥了一次历史上十分有名的黄河堵口工程。

小贴士

堤防的起源

堤防至少在西周时已出现。《国语·周语上》记载有"防民之口，甚于防川，川壅而溃，伤人必多"的警语，可见当时堤防已有一定的规模。但春秋中期，这种拦河筑坝的堤防多是各诸侯国之间的战争手段。公元前 651 年，齐国和各诸侯国葵丘会盟签订的条款有"无曲防"一条，主要指沿河筑堤，不能只顾自己不顾全局，损伤别国。到战国时期，黄河下游地区人口繁衍、城市大批兴建，对黄河的治理也提出了新的要求，堤防就成为治河之策之一。

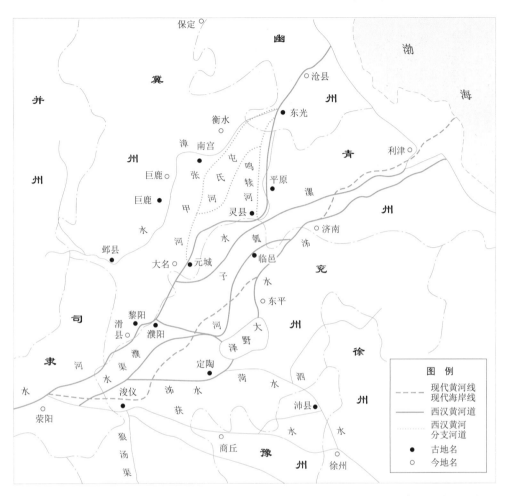

汉武帝元光三年（公元前 132 年），黄河在瓠子（今河南濮阳西南）决口，河水汹涌南流，夺淮河、泗水入海，使十六郡受灾。汉武帝派汲黯、郑当时主持堵口，但是由于水势汹涌，堵口工作都没有取得成功，决口刚刚堵上，就被冲毁。当时汉武帝的舅父田蚡任丞相，他的封地在黄河北岸，为了自身利益，他坚决反对堵口，主张顺其自然，听天由命。此后，正是汉武帝反击匈奴入侵的紧张阶段，西汉王朝无暇顾及，致使黄河泛滥长达 20 多年。23 年后的元封二年（公元前 109 年），汉武帝登泰山封

▲ 西汉黄河下游行经略图 [引自：武汉水利电力学院，水利水电科学研究院《中国水利史稿》编写组. 中国水利史（上册）[M]. 北京：水利电力出版社，1979]

▲ 《史记·河渠书》关于汉武帝瓠子堵口记载的书影

禅，亲临黄河，目睹了洪水导致老百姓流离失所的惨相，下决心堵塞决口。这次堵口汉武帝亲率群臣参加，沉白马、玉璧祭祀河神，表示治河的决心，官员自将军以下背柴草参加施工。因为当时堵口材料十分缺乏，甚至连卫国著名的园林"淇园"的竹子也被砍光以应急需。堵口采用的施工方法是："树竹塞水决之口，稍稍布插接树之，水稍弱，补令密，谓之楗。以草塞其里，乃以土填之。有石，以石为之。"（《史记·河渠书》如淳注）此法类似如今的平堵法。瓠子堵口成功后，为了纪念这次规模浩大的堵口行动，汉武帝命人在新修的黄河大堤上修建一座"宣防官"（后代因而多用"宣防"表示防洪工程建设），还亲自创作了著名的《瓠子歌》两首。这就是著名的"瓠子堵口"。瓠子堵口之后，汉武帝更加重视水利建设，全国也掀起了兴修水利的热潮，朔方、河西、酒泉、关中、九江、汝南等地都积极兴修水利。汉武帝统治时期成为我国历史上重要的水利大发展时期。

瓠子堵口后没多久，黄河在下游北岸馆陶决口，向北分流，形成屯氏河。屯氏河水流畅通，故未加堵塞，从而形成了黄河下游一支很大的天然岔流，与黄河平行，起到分流减水的作用。屯氏河分流 70 年以后，黄河在清河郡（今邢台市清河县区域）境内再次决口，其后决口不断，到西汉末东汉初时，黄河终于弃旧道走新河，主河道再偏东南，在千乘（今山东博兴、高青地区）河口入渤海，这条路线与今黄河相近。

◎ 第二节 贾让三策治河辩

西汉后期，黄河决口频繁，汉哀帝召集治河人才议事。河道负责官员平当鉴于黄河频繁决溢，曾上书说：现在大禹的九河已经淤塞不见了。不过古代经典上所说的治水，只有分泄疏导的办法，而无修筑堤防的记载。因此，要想治好黄河，"宜博求能浚川疏河者"。这时贾让上书应征，提出著名的治理黄河的上、中、下三策，后世称为"贾让治河三策"（见于《汉书·沟洫志》），这是一篇被保留下来的最早的、系统的治河规划历史文献。

贾让在上书以前，曾研究了前人的治河历史，并亲至黄河下游东郡一带进行了实地调查研究，认为形势十分严峻。他提出治水的基本思想是不与水争地，接着分别阐述了三个方案。

上策。贾让指出，古时候，河有河的道路，人有人的住处，各不相干，并无所谓的洪水灾害。到了战国，开始筑堤约束黄河，不过当时两岸堤距尚宽，水还有游荡的地方。但是此后人们贪图黄河滩地的肥美，逐渐在堤内圈堤围垦，以致河道宽窄不一，河线再三弯曲，因此导致黄河为害。贾让提出："徙冀州之民当水冲者。决黎阳遮害亭，放河使北入海。"他认为采取这一措施后，"河西薄大山，东薄金堤，势不能远泛滥，期月自定"。贾让的意思是要开辟今天豫北、冀南及冀中的广大平原地区为蓄滞洪区，滞洪区要选在不宜种植作物的盐碱洼地，把四周用堤防围起来，以增加容蓄洪水的能力。蓄滞洪区的移民安置费用，以几年的修堤费用即可补偿。贾让认为这样就能从根本上消除水患。

小贴士

蓄滞洪区

蓄滞洪区主要是指河堤外洪水临时贮存的低洼地区及湖泊等，其中多数历史上就是江河洪水淹没和蓄洪的场所。蓄滞洪区包括行洪区、分洪区、蓄洪区和滞洪区。

行洪区是指天然河道及其两侧或河岸大堤之间，在大洪水时用以宣泄洪水的区域；分洪区是利用平原区湖泊、洼地、淀泊修筑围堤，或利用原有低洼圩垸分泄河段超额洪水的区域；蓄洪区是分洪区发挥调洪功能的一种，它是指用于暂时蓄存河段分泄的超额洪水，待防洪情况许可时，再向区外排泄的区域；滞洪区也是分洪区起调洪功能的一种，这种区域具有"上吞下吐"的能力，其容量只能对河段分泄的洪水起到削减洪峰，或短期阻滞洪水的作用。

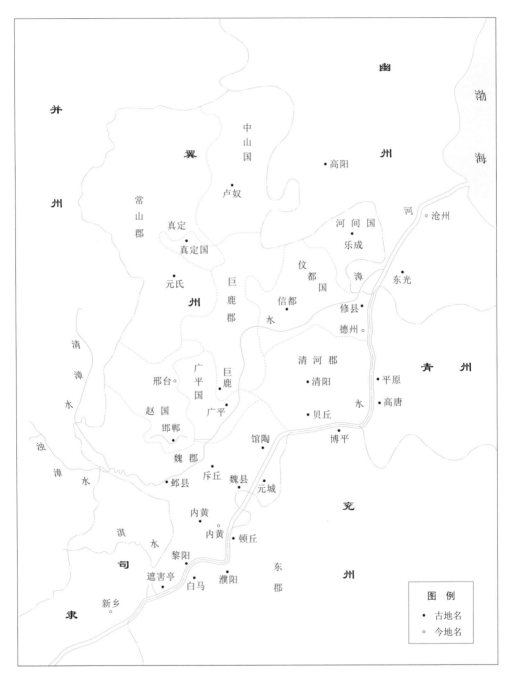

幽

渤

海

州

并

州

冀

州

中
山
国

•高阳

常
山
郡

卢奴

沧州

河

真定

河间国

•真定国

乐成

仄
都
国

漳

元氏

信都

•东光

清
漳
水

巨
鹿
郡

州

水

修县•

德州。

青

州

清河郡

邢台。

广
平
国

巨鹿

•清阳

•平原

赵国

广平

•贝丘

水

•高唐

邯郸

馆陶

博平

浊
漳
水

魏郡

斥丘

魏县

元城

兖

•邺县

内黄

州

淇
水

内黄

•顿丘

黎阳

东
郡

司

遮害亭

白马

濮阳

隶

新乡。

▲ 贾让上策所论地域形势略图［引自：武汉水利电力学院，水利水电科学研究院《中国水利史稿》
　编写组．中国水利史（上册）［M］．北京：水利电力出版社，1979］

中策。在黄河下游多开支渠，除了灌溉所用，还可以分洪减水。贾让规划了"东方一堤"，大约是从遮害亭开始，沿着今京广铁路东侧向北修筑，引黄河入漳水河道，并开渠建闸，以便引黄河水作灌溉之用。这样一来，大水时在西岸高地开水门分洪，灌溉季节则开东岸低水门灌溉放淤，因此，既可以发展淤灌，改良土壤，又可提高农业产量，还可以发展航运。他认为，这个方案虽不是古代圣人所提供的，但也能兴利除害，维持数百年。

下策。贾让是不赞成下策的，他认为如不采取上、中两策，只是在原来狭窄弯曲的河道上"缮完故堤，增卑倍薄"，进行小修小补，其后果必然是"劳费无已，数逢其害，此最下策也"。

贾让治河三策集中体现了他的治河思想，三策是统一的整体。三策之中，尤以上策为其立论的重点，中策是上策的修正，而下策则是上策的反面。统观三策，贾让在其中客观地总结了堤防发展的历史，批评汉代无计划围垦滩地所造成的堤防的不合理状况，以及提出发展引黄淤灌、兴利除害、变害为利的建议等，这些都是他的合理部分。此外，他还提出了补偿时间的概念，"出数年治河之费，以业所徙之民"（《汉书·沟洫志》）。这在水利经营管理方面是个创新，对后世影响很大。

◎ 第三节　王景治河黄河稳

西汉末年，黄河河床越淤越高，成为地上河，河患越来越多。公元11年，黄河在魏郡决口，从今山东省利津县入海，终于酿成黄河历史上的第二次大改道。汉平帝时，黄河、汴水冲决，并未得到及时修治，黄河冲入济水和汴渠，淤塞内河航道，田地村落被洪水吞没，受害严重。汉明帝刘庄执政之后，政治上比较稳定，经济好转，人口增加，漕运日见重要，但是黄河漫流，危害太大。"汴渠东侵，日月弥广，而水门故处，皆在河中。"（《资治通鉴·汉纪三十七》）对待黄河南摆，黄河南北地方官持不同态度，互相掣肘。汉建武十年（公元 34 年），阳武令张汜上书请修堤防，在准备兴工时，浚仪令乐俊上书反对，于是停止不修。汉永平十二年（公元 69 年），迫于人民群众的压力，汉明帝商议治理汴渠的事，就召见王景，询问其治水地理形势和便利条件。王景陈述治水的利害，应答灵敏迅速，汉明帝非常欣赏，同意他的方案，并给他有关治河的文献《山海经》《河渠书》《禹贡图》。当年四月发军卒数十万，令王景修汴渠、治黄河。

王景，字仲通，琅琊不其（今青岛市部分地区）人。自幼"广窥众书，又好天文术数之事，沈深多伎艺"，尤其擅长水利工程技术，在治理黄河前，曾经和王吴同修过浚仪渠（古汴渠的一段），用他设计的"墕流法"获得成功，积累了治理汴渠的实践经验。

这次治河，整整用了一年时间，第二年四月竣工。王景依靠数十万人的力量，主要完成了两方面的工程：一是"筑堤"，就是治河，"筑堤自荥阳东至千乘海口千余里"，修筑从今荥阳东北到今山东高青东北海口千余里的黄河大堤，从而固定了第二次大改道后的新河线。二是"理渠"，就是治汴，整治了汴渠渠道，新建了汴渠水门。"凿山阜，破砥绩，直截沟涧，防遏冲要，疏决壅积，十里立一水门，令更相洄注，无复溃漏之患。"开凿汴渠的新引水口，堵塞被黄河洪水冲成的汴渠附近的沟涧；加强堤防险工段的防护；将淤积不畅的渠道上游段加以疏浚等。关于"十里立一水门，令更相洄注"（《后汉书·王景传》），后人解释很多，说法不一，应当是在汴渠引黄段，约隔十里建一座引水闸，实行多水口引水，并在每个水口修起水门（闸门），人工控制水量，交替引河水入汴。这样在黄河通汴水的地带，既有东西向的引水渠道，又有南北向的沟通水道，组成了"荥播河济，往复径通"的水道网。

王景治河仅仅用一年时间，用钱以百亿计，将千余里的黄河、七八百里的汴渠疏浚、修堤，取得了巨大成就。由于治河成绩斐然，永平十三年（70年）夏天，王景连升三级，被封为侍御史和河堤谒者（东汉主持河防工程的官员）。

王景治河不但使黄河决溢灾害得到平息，而且充分利用了黄河、汴渠的水力与水利资源。主要表现在：一是系统修建了千里黄河大堤，稳定了公元11年后的黄河河床。堤防建成当年，汉明帝即下令"滨河郡国置河堤员吏，如西京旧制"，设置专管堤防的机构和人员，加强对黄河下游全线堤防的维修和管理，从而为黄河安流提供了保障。王景治理后的黄河河道，大约穿过东郡、济阴郡北部，经济北平原，最后由千乘入海。总的来讲，河道流经西汉故道与泰山北麓的低地中，距海较近，地形低下，行水较浚利。由此，黄河决溢灾害明显减少，出现了一个相对稳定的时期。自此，黄河800年不曾改道。

小贴士

水门

古代水闸，也称斗门、陡门或牐，建在河床或河湖岸边，用以控制水位、取水或泄水的建筑物。最初的水门是木土筑成，后发展为木石结构，遗存至今的都是条石砌筑而成。闸门则多为木制叠梁式。黄河水门至迟在西汉已经运用。

二是整修了汴渠。汴渠整修工程除整修堤防、河道外，主要集中在口门处，这次施工中更发展了前代水门技术，总结了"十里立一水门，令更相洄注"的办法，发展了在多沙河流上采用多水口形式引水的技术。

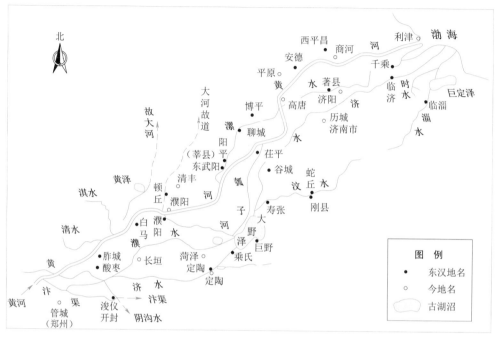

▲ 王景治河后的黄河下游示意图（70—1048 年）
（引自：姚汉源 . 中国水利发展史 [M]. 上海：上海人民出版社，2005）

◎ 第四节 南阳陂塘均水令

秦汉时期，长江流域的灌溉以汉水支流唐白河发展最为显著。唐白河的灌溉那时以今河南省的南阳、邓州、新野一带较为发达。唐白河一带为侵蚀、冲积平原，年降水量约 900 毫米，气候温和，适于农作物生长，西汉时期，这里的经济已相当发达。

汉元帝时，南阳郡（今南阳市）太守召信臣对这一带的水利建设有重要的贡献，他遵循"为民兴利,务在富之"的八字方针治理南阳，成绩十分突出。他劝民农桑，去末归本，为政勤勉，还亲自指导农耕，经常出入田间地头，有时住宿于农家，贴近百姓。召信臣重视兴修水利，"行视郡中水泉，开通沟渎，起水门提阏

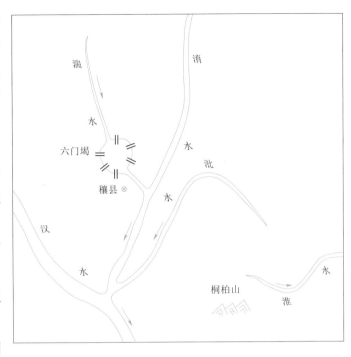

▲ 六门堨位置示意图（据《汉书·召信臣传》推测绘制）

凡数十处，以广溉灌，岁岁增加，多至三万顷"，很快"民得其利，畜积有馀"（《汉书·召信臣传》）。召信臣在南阳当官前后近10年，开凿陂沟渠数十条。他兴修的水利工程中，最著名的就是位于今邓州的六门堰，位于穰县（今邓州）之西，兴建于建昭五年（公元前34年），该工程壅遏湍水，设三水门引水灌溉。元始五年（公元5年），又扩建三石门，合为六门，因而称之为六门堨。六门堨灌溉穰县、新野、昆阳三县5000余顷耕地，是一个具有相当规模的大灌区。召信臣为了使公共水源不产生用水纠纷，还主持制定了《均水约束》，并将其刻在石碑上立于田间。汉末六门堨曾一度荒废，晋太康中杜预和刘宋时的刘秀之又相继修复使用。现在南阳还有不少叫"陂""堰""垱"的地方，都是当时水利工程的痕迹。这些水利工程的修建，成就了南阳

"长藤结瓜"工程

"长藤结瓜"工程即陂渠串联水利工程，指把河水和灌水低峰期多余的渠水，以及沿渠的坡面径流等，引入水库或池塘存蓄起来，供灌水高峰期使用，以弥补引入水量的不足，从而扩大灌溉面积和提高抗旱能力。这种灌溉类型多分布在我国淮水和汉水的南北过渡之区，这一地区多为丘陵盆地和微起伏的高亢平原，年降水量为 800～1000 毫米。我国"长藤结瓜"工程起源于春秋中期，楚国孙叔敖所创的雩娄灌区是这类工程的滥觞。

"万古粮仓""中原粮仓"的美誉。由于召信臣为南阳的农田水利建设作出了杰出的贡献，南阳的百姓非常爱戴他，称之为"召父"。

东汉时期，南阳水利进一步兴盛，光武帝刘秀在位期间，南阳太守杜诗十分重视发展农业，"修治陂池，广拓土田，郡内比室殷足"。为了提高冶金效率，他还发明了水排。水排是我国早期水力利用的重大成就，对后世发展水力机械具有重大意义。杜诗大兴水利，同样受到南阳百姓爱戴，与召信臣并称"召父杜母"。"父母官"一词由此发源。

利用洼地修筑若干蓄水陂塘，开凿渠道将这些陂塘串联起来，形成"长藤结瓜"的形式，积蓄地表径流，通过陂塘调节水资源的时空分布，从而更为有效地加以利用，这是南阳地区水利灌溉工程的特点。据《水经注》记载，在淯水（今白河）上，有樊氏陂、东陂、西陂、豫章大陂等，其中仅豫章大陂就"灌良畴三千许顷"。在湍水上，六门堨上游还有楚堨，楚堨"高下相承八重，周十里，方塘蓄水，泽润不穷"，至唐代仍可灌田 500 余顷。六门堨的下游还有安众港、邓氏陂等。在沘水（今唐河）上还有马仁陂（即马人陂）、大湖、醴渠、赵渠等陂渠。这些陂渠相互串联，形成类似"长藤结瓜"的独特的陂渠形式。以六门堨为例，其"下结二十九陂，诸陂散流，咸入朝水"，诸陂蓄水相互补充，统一使用，灌溉效益更有保证。这些陂大多可能兴建于两汉时期，在不太大的地区内，水利工程如此集中，可见当时南阳水利的繁荣。

◎ 第五节 灵渠南北引湘漓

灵渠是沟通长江水系和珠江水系的古运河，又名陡河或兴安运河，在今广西壮族自治区兴安县境内。秦始皇统一六国后为了巩固边防，统一岭南，于始皇帝二十六年（公元前221年）命尉屠睢率兵50万，分五路军南征百越。经过湘桂走廊进军岭南的，就是其中之一军。秦军的进攻，遭到当地百越民族的顽强抵抗，"三年兵不能进"，军饷转运困难。秦始皇乃命监御史禄督率士兵进军岭南。由于五岭险阻，军粮运输困难，在始皇帝二十八年（公元前219年）命郡监御史禄"开灵渠水道通运"。灵渠的修建，沟通了长江水系的湘水和珠江水系的漓江，成了岭南与中原地区的主要交通干线。

灵渠自秦代开凿之后，历代均有修葺。东汉建武十八年（公元42年），光武帝拜马援为伏波将军南征交趾（今越南北部地区），马援率两万多楼船之士经灵渠时，曾对灵渠进行疏浚。唐代宝历元年（825年），南渠、北渠渠道崩坏，舟不能通。桂州刺史、桂管观察使李渤下令重修灵渠，并修复壅高水位以利通航的建筑物——陡门。唐代咸通九年（868年），桂州刺史鱼孟威将沿渠20千米以石块砌堤岸，以坚木植立作陡门，并将陡门增至18座以便通航。北宋嘉祐三年（1058年），广西提点刑狱

▲ 灵渠渠道

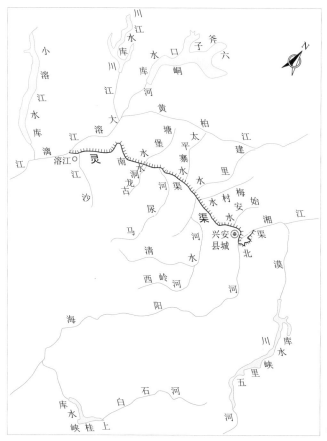

▲ 灵渠水系示意图（引自：刘仲桂，等．灵渠 [M]．南宁：广西科学技术出版社，2014）

兼领河渠事李师中采用"燎石以攻，既导既辟"的方法，清除渠内碍舟礁石，并将灵渠陡门增至 36 座。明代洪武二十九年（1396 年），监察御史严震直主持修灵渠，然而由于违背了客观规律，加高了大天平、小天平，以致不利泄洪，危及渠堤，后于永乐二年（1404 年），修之如旧，留下深刻的教训。清光绪十一年（1885 年），洪水冲毁天平坝身及南北陡堤，广西护理抚院李秉衡奉旨修渠，重修了水毁铧嘴和大天平、小天平，修复了陡门、石堤。今日所见灵渠，大致为此次重修后的面貌。

灵渠枢纽工程的选址十分科学。它位于兴安县城东南郊漓江支流始安水与湘江相距 4215 米处，在湘江水位高于始安水水位的地方拦河筑坝，将湘江之水引入始安水，然后再将始安水疏浚改造，即可通航，充分体现了古人的聪明才智。

灵渠的工程结构非常精当。主体工程由铧嘴、大天平、小天平、南渠、北渠、秦堤、泄水天平组成，附属设施有陡门、堰坝、桥梁、水涵等。尽管这些建筑物兴建的时间有先后，但是它们互相关联，形成一个有机结合的整体。

灵渠枢纽工程的大天平、小天平和铧嘴，位于兴安县城东南郊的南陡口屯旁湘江上游的海阳河分水塘处。大天平与小天平，就是拦截海阳河的拦河坝（重力式砌石溢流坝），由于它能"称水高下，恰如其分"，故名"天平"。它的主要功能是拦河蓄水，抬高水位，导海阳河的来水进入南渠和北渠。拦河坝分为两段：较短的一段导水进入南渠，称小天平，较长的一段导水进入北渠，称大天平。由于两坝坝顶长度不同且导致分水流量和泄水流量不同，故有大、小天平之称。大天平和小天平兼作泄水建筑物用，在汛期，多余的洪水可以从大、小天平坝顶部宣泄，以保持正常引水至南渠、北渠。在一定流量下，实现"三七分水"，即三分入漓江，七分入湘江。因此大天平、小天平还起着水量平衡的作用，保证渠道安全运行。

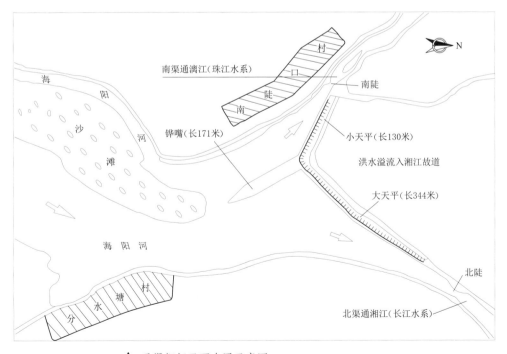

▲ 灵渠枢纽平面布置示意图

（引自：刘仲桂，等．灵渠 [M]．南宁：广西科学技术出版社，2014）

大、小天平在灵渠工程中起着十分重要的作用：其一，抬高了湘江的水位，形成了叫渼潭的小水塘，提供了湘江水分入漓江的可能，并使南渠取得了一个合理的纵断面，大大减少了工程量；其二，与其辅助建筑物铧嘴配合，合理地分配南渠和北渠的进水量；其三，大、小天平坝身全部为溢流段，当来水超过流量时，在天平坝顶自行溢流，使进渠道水位不超过渠道允许高程，以确保渠道安全；其四，大、小天平坝顶溢流，泄入湘江故道，使水有所归，没有漫延冲决的危险，此时的湘江故道成了理想的排洪水道。

灵渠渠系由南渠、北渠及其支渠组成。南渠33.15千米，从南陡起，向西北行，穿过县城，折而向西南行，到灵河口汇入大溶江；北渠长3.25千米，开凿于湘江北岸宽阔的一级阶地上，自北陡经打渔村至水泊村汇入湘江。陡门是修建在南渠和北渠上用于壅高水位、蓄水通航，具有船闸作用的建筑物。陡门在唐代就有史籍记载，被誉为"世界船闸之父"。秦堤，顾名思义，为秦代所修渠堤。狭义的秦堤，专指从南陡口到兴安县城区水街这一段灵渠和湘江故道之间的堤岸，长约1700米。广义的秦堤，是指从南陡口至大湾陡的南渠堤，长3250米。

灵渠是人工开凿并运用陡门控制通航的运河，维修、改建和日常的运行管理十分重要。2200多年来灵渠的运行经

▲ 灵渠陡门遗址

久不衰，既是古人工程技术水平高超的体现，又是工程管理较为完善的结果。渠的开凿从选址、规划、设计上都反映出前工业时代，在自然地形、水文条件限制的状况下，古代中国人民在运河修建方面所取得的辉煌成就，它是中国古代运河技术的代表作。从选址和概念上来看，灵渠位于我国南方的五岭地区，沟通了岭北的湘江和岭南的漓江，从而把长江水系和珠江水系联系起来，它不仅是世界上首例山区越岭运河，而且是人类历史上最早使用人工运河连接两个不同水系的实践之一；从渠道规划设计上来看，为了满足航运的基本要求，灵渠的航道设计基本采用以弯道代闸的原理，体现出中国古人在航道规划方面的创造性智慧；从工程技术上来看，灵渠是中国古代对水资源综合利用的杰出典范，灵渠的分水系统、陡门系统、堰坝系统、水涵等设施构造朴实、简单，却能起到非常精确的水量控制效果。

另外，灵渠的水利设施相互结合的设置能同时兼顾航运、灌溉和泄洪等多方面的需要，达到水资源综合利用的最优效果。

灵渠不仅具有极为重要的科学价值，而且发挥了重要的历史作用，它不愧为世界水利史上的明珠、中华文明的瑰宝，2018 年列入世界灌溉工程遗产。

▲ 灵渠灌溉水涵

◎ 第六节 兴利除害古鉴湖

鉴湖又称镜湖，位于今浙江省绍兴市境内，是长江以南最古老的大型灌溉工程之一。绍兴城区，从东南到西北，被会稽山环绕，北部是广阔的冲积平原，再北就是杭州湾，形成了"山—原—海"的台阶式特有地形。南北流向的小河纵贯整个平原，分别汇入曹娥、浦阳二江入海。曹娥、浦阳二江都是潮汐河流，钱塘大潮经常由二江倒灌入山会平原，造成严重的内涝。尤其是平原北部的大部分地区，处于潮汐和内涝的双重威胁之下，农业生产十分困难。

东汉永和五年（140年）会稽太守马臻主持修建鉴湖，筑塘300里，灌田9000顷。该项工程就是在各分散的湖泊下修了一道长围堤，堤长130里（一说101里），湖堤以会稽郡城为中心，分东西两段，东起曹娥江，西至西小江，中有南北隔堤，将鉴湖分作东西两部分。湖水面高出堤外农田，而农田又高出杭州湾海面丈余，这样形成自流灌溉的形势，加上一整套设施，使得鉴湖既可以减轻河流泛滥和内涝，又

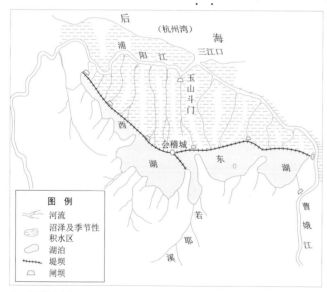

▲ 鉴湖略图

[引自：武汉水利电力学院，水利水电科学研究院《中国水利史稿》编写组．中国水利史稿（上册）[M]．北京：水利电力出版社，1979]

可以蓄水灌溉，从而达到兴利除害的目的。当时鉴湖"溉田九千余顷"，当地很快富庶起来。

鉴湖围堤后，由于有一系列排灌设施的有效控制，灌溉农田十分便利。排灌设施中以斗门为最大。斗门相当于一种大的水闸。东端为嵩口斗门，西端为广陵斗门；在山会平原北部的金鸡山和玉山之间又设置了玉山斗门。闸和堰设置于湖与以北主要内河沟通之处，规模不及斗门，而堰比闸更为简单。闸和堰的主要作用是行洪排涝，以及供内河灌溉和通航之水，堰不但控制正常湖水位高程，还有拖船过堰通航的作用。阴沟系沟通湖与内河及农田的小型通水渠，主要作用为灌溉。《水经注》记沿湖有放水斗门69座，按其功用，可以分为三种：第一种是灌溉斗门，有15座（东湖14座，西湖1座），干旱时开斗门等放湖水灌田，雨涝时排田间水入海或关闭斗门。第二种斗门用于泄水防洪。位于东湖东段的2座，类似于现代水库溢洪道的闸门，当山溪来水超过农田所需水量而鉴湖的调节容量又不足以容纳时，则打开斗门溢洪。此外还有第三种，这些斗门还可以向运河供水。

由于鉴湖规划合理，东汉至唐代的700年间，灌溉面积始终维持在9000顷左右。但是主持修建鉴湖的马臻却遭到了不公正的待遇。鉴湖修成后，湖泊周边豪强地主的土地、房屋和坟墓不可避免地被淹没，他们怀恨在心，大量抄录死者姓名"联名"上书皇帝，诬告马臻耗用国库，淹没良田，溺死百姓。

▲ 鉴湖图（选自康熙《会稽县志》卷首，经绍兴市鉴湖研究会描摹）

最后朝廷下诏撤了马臻的官职，并令他速赴洛阳受审，最后处以极刑。马臻蒙冤后，民怨沸腾，朝廷派钦差大臣前往鉴湖一带调查，才发现了这一阴谋。为纪念马臻，当地百姓为他立祠建庙。唐代时，政府为他建了祠庙，并举行隆重的春、秋祭祀；北宋仁宗皇帝则追封马臻为"利济王"。

鉴湖的湮灭始于宋代对鉴湖的围垦。虽然最初的若干年朝廷中的围垦派与复湖派之间曾展开了长期拉锯战，但最终围垦数量加速上升，到熙宁末年（1077年）湖面已经缩小了1/3。政和六年（1116年），鉴湖所在的越州太守王仲嶷为讨好宋徽宗，公然以政府的名义实行围垦，将湖田所得租税贡给宋徽宗享用。上行下效，当地豪富遂开始了肆无忌惮的掠夺式围垦。于是，鉴湖2/3的水面变成了湖田，调蓄能力基本丧失。至嘉泰十五年（1222年），古鉴湖被瓜分殆尽。鉴湖的湮灭，表面上是因为会稽山脉及其以北丘陵地区的水土流失加重，湖底逐渐淤浅，更重要的原因是豪强的围垦。元代时鉴湖已名存实亡。如今的鉴湖，面积已从当年的189.9千米^{2}萎缩至30.44千米^2，长22.5千米，形如一条宽窄相间的河道，是浙江省风景名胜区。

▲ 今日鉴湖

第四章

隋唐宋时期

隋唐宋时期水利发展的重点与主要事件有：隋唐大运河体系的形成、农田水利工程的发展、黄河南徙、东南地区的开发与江浙海塘的初步建设等。

◎ 第一节 拒咸蓄淡双子星

它（tuó）山堰和木兰陂（bēi）都是唐宋时期东南沿海地区拒咸蓄淡水利工程的典型代表。

一、它山堰

它山堰位于浙江省宁波市鄞江镇西首，始建于唐太和七年（833年），是我国古代著名的水利工程，全国重点文物保护单位，于2015年列入第二批世界灌溉工程遗产，持续运行1180余年，至今仍发挥着引流、灌溉、阻（拒）咸、泄洪的重要作用。

它山堰灌溉工程体系由渠首枢纽、渠系工程、调蓄工程及防洪工程组成。渠首枢纽由拦河堰、回沙闸、官池塘、光溪桥和洪水湾塘等组成，是具有蓄水、引水、溢洪、沉沙、通航等功能的综合性水利枢纽。渠系工程分干渠、支渠、毛渠、田间渠道和灌区控制工程。干渠三道分别是南塘河、中塘河和西塘河，其中南塘河为主干渠，中塘河和西塘河为

▲ 它山堰渠首工程

分干渠。通过三条干渠联系鄞西平原内 20 余条支渠，灌溉 20 余万亩良田。灌区控制工程包括碶闸和水则。碶闸主要包括唐代王元暐所建的乌金碶、积渎碶、行春碶三碶，宋代修建的风棚碶和唐家堰碶，明代修建的沈公塘，清代修建的狗颈碶，以及兰浦碶、章家碶和杨睦坝等修建年代不可考的碶闸堰坝。调蓄工程包括月

▲ 乌金碶

湖和日湖。其中日湖早已荒废，遗址在今浙江省宁波市海曙区境，延庆寺、莲桥街、天封塔一带。月湖，又名西湖，位于今宁波市海曙区境，南北长 1 千米，宽约 130 米，水面面积 0.157 千米^2，蓄水量 15 万米^3。湖呈狭长形，圆处似满月，曲处似眉月，曲折多姿。月湖现已辟为月湖公园。

它山堰从建成至今历经多次维护。北宋建隆年间（962 年左右），节度使钱亿修复并增筑加固。建中靖国元年（1101 年），监船场宣德郎唐意培护堰堤。1103 年，签幕张必强、鄞令龚行修"修之"。南宋初（1130 年左右），周四者"加石板，厚七八寸"。绍兴十六年（1146 年），太守秦棣修堰。嘉定七年（1214 年），提刑官程覃代理县令，捐田淘沙疏浚河道。淳祐二年（1242 年），郡守陈恺为防内港淤积，于堰西北 150 米处建回沙闸。魏岘主持建闸、淘沙等工程，事后又编成《四明它山水利备览》流传至今。明嘉靖十五年（1536 年），县令沈继美，用石板置立堰口，加固堰体，疏浚回沙闸。清咸丰七年（1857年），巡道段光清捐资重修。民国三年（1914 年），

鄞耆绅张传保清理淤沙，疏通河道。1949 年后多次疏浚堰上溪流。1965 年冬至 1966 年春，整溪导流，疏拓溪床，砌石护岸，重建分水龙舌。1986 年冬至 1987 年春，重拓它山堰上游行洪河道。两岸砌石固岸，清除过水路面，兴建行洪大桥，修筑光溪两岸防洪堤，整修堰上护堰防渗石板和堰下防冲护坦。1993—1995 年对它山堰做保护性整治，整治重点是下游防冲、上游防渗。

▲ 木兰陂

二、木兰陂

木兰陂位于福建省莆田市城厢区、木兰溪下游感潮河段，距出海口 26 千米。木兰陂建成于宋元丰六年（1083 年），是我国现存最完整的古代灌溉工程之一，于 2014 年列入第一批世界灌溉工程遗产。木兰溪横贯莆田全境，独流入海，干流全长 105 千米，流域面积 1732 千米^2。木兰陂持续使用 930 余年，至今仍发挥着引水、蓄水、灌溉、防洪、挡潮等综合功能。

木兰陂始建于北宋治平元年（1064 年），钱四娘、林从世均因陂址选择不当而告失败，侯官县（今福州市区西部和闽侯县一部分）李宏在僧人冯智日的帮助下，选择木兰山麓为陂址，采用“筏形基础”技术，最终于元丰六年（1083 年）建成木兰陂。起初，灌区渠道仅开到南洋平原，至元代扩大到北洋，后逐渐扩建，形成纵横交错的灌溉系统。

木兰陂灌溉工程遗产是由渠首枢纽、灌溉渠系和控制闸涵等组成的工程体系。渠首枢纽由拦河坝、进水闸和导流堤构成。拦河坝全长219.13米，靠北岸为滚水重力坝，长123.43米，南岸段为溢流堰闸，长95.7米；设有堰闸28孔、冲沙闸1孔。工程在软弱地基上沿坝址开挖并回填卵砾石，用大石纵横砌成稳固的筏形基础，上部结构用条石砌筑。进水闸分南、北两座，导流堤分南、北导流堤，长度分别为227米和113米。

分布在南北洋平原由大小河渠组成的渠系工程，全长309.5千米。南洋、北洋海堤，全长87.48千米，其中南洋海堤长36.73千米，北洋海堤50.75千米。沿堤设有挡潮闸17座57孔，涵洞82座，控制闸24座，丁坝91条。

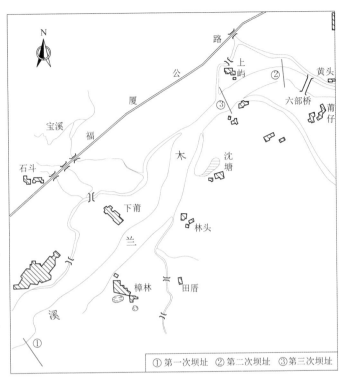

▲ 木兰陂渠首位置变迁图

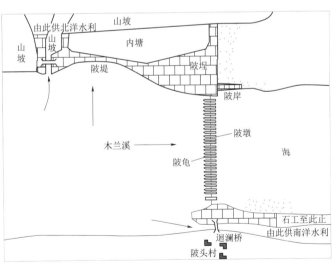

▲ 木兰陂渠首枢纽工程平面示意图

◎ 第二节 塘浦圩田兴江南

太湖溇港水利系统始建于春秋时期，源于太湖滩涂上纵港横塘的开凿，北宋时形成完整体系，是太湖流域特有的古代水利工程类型，距今已有 2000 年以上历史。它集水利、经济、生态、文化于一体，具有排涝、灌溉、通航等综合效益，在世界农田灌溉与排水史上具有十分重要的地位。

唐和五代时期，太湖地区圩田规模较大。高圩深浦的大圩制，能有效抵御洪水侵袭，且由于圩子范围大，内有河荡库容，有利于雨潦的调蓄。北宋以后，由于湖滩草荡的围垦，大圩制分解，以民间兴筑的小圩为主。南宋时，继续发展圩田，围垦与水利的矛盾日益尖锐。

在太湖流域中，湖州的太湖溇港体系发端最早，保存最为完整，主要由太湖堤防体系，溇港漾塘体系，溇港圩田体系和古桥、古庙、祭祀活动等其他遗产体系四部分组成。湖州太湖溇港于 2016 年入选第三批世界灌溉工程遗产。太湖溇港灌溉遗产东、北至太湖南岸，南以頔（荻）塘为界，东起江苏浙

时间	发展情况
春秋战国至唐前期	形成塘浦圩田系统雏形
唐中后期至五代	塘浦圩田系统快速发展，形成棋盘化溇港圩田系统
宋代	大圩古制解体及水利转型，中小圩田系统兴起
元明清时期	溇港圩田系统持续发展
1949 年至今	圩区调整与现代农业圩区发展

▲ 太湖流域塘浦圩田（溇港水利系统）发展阶段表

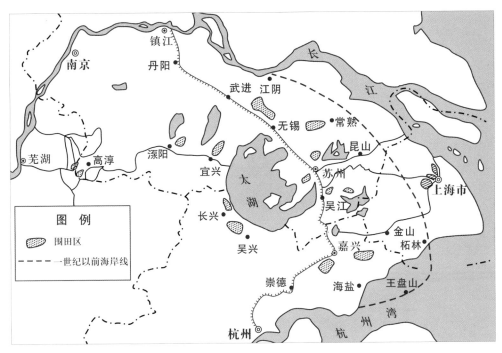

▲ 汉代及以前太湖地区圩田分布示意图（据缪启愉编著的《太湖塘浦圩田史研究》改绘）

江两省交界的胡溇，北至长兴斯圻港，西至杭宁高铁线，太湖溇港及其受益区的总面积约 440 千米²。遗产主要分布于湖州市吴兴区和长兴县。

◎ 第三节 长江中下建圩垸

太湖地区劳动人民在长期的生产斗争中，积累了丰富的治水、治田经验。围田或圩田，是他们在长期实践中创造出来的一种独特形式。

元代的《王祯农书》记载有围田和圩田的概念：围田大约是指在湖滩地上筑围堤辟田；圩田大约是指在沿河流的洼地中取土筑堤拦河水辟田，实际上两者垦殖的形式相近，圩田四周都有圩岸，和围田

▲ 《王祯农书》

69

小贴士

圩田

圩田亦称"围田"。中国古代农民发明的改造低洼地、向湖争田的造田方法。春秋时，人们已利用堤防治洼地。吴国在固城湖畔筑圩，越国在淀泖湖滨围垦。圩田的出现时间，有人认为是在南朝，有人认为是在唐代。圩田的基本营造方法是：在浅水沼泽地带或河湖淤滩上围堤筑坝，把田围在中间，把水挡在堤外；围内开沟渠，设涵闸，有排有灌。圩堤多封闭式，亦有其两端适应地势的非封闭式。

的围堤没有什么不同。在江湖水流下泄通畅的情况下，这类农田对蓄洪排涝的影响不大。随着社会的发展，人们对土地的需求日益迫切，围垦面积也逐渐连片集中，围湖垦殖与蓄洪排涝的矛盾愈加显著。筑堤取土之处，必然出现沟洫，为了解决积水出路问题，把这类堤岸沟洫加以扩展，于是渐渐变成了塘浦。当发展到横塘纵浦紧密相接，设置闸门控制排灌时，就演变成为棋盘式的塘浦圩田系统了。

北宋范仲淹在庆历三年（1043 年）《答手诏条陈十事》中提到 "圩田"，条陈中的浙西，就是指如今的太湖流域。当时治理太湖的主要问题是疏浚河沟和修固堤塘，亦即塘浦问题。北宋后期才有围湖为田的"围田"这一名称，太湖附近大半叫围田。但"围"与"圩"在形式上并无多大区别，只是由于地区不同，叫法不同。长江中游两湖沿江地区所围垦的垸田，也属于此类。以后遂混而为一，长江下游统称为水网圩田或塘浦圩田，中游一带则仍称垸田。

◎ 第四节 纵横东西大运河

隋代在以前的基础上，对江南运河进行全线整治，运河的线路从此确定下来，再没有大的改变；水道的规格也统一下来。隋大业六年（610 年），隋炀帝"敕穿江南河，自京口至余杭，八百余里，广十余丈，使可通龙舟"（《资治通鉴·隋纪四》）。

运河上的水源、节制工程等也继续完善。这时的江南运河，自长江京口（今江苏镇江）起，向南过曲阿（今江苏丹阳）、毗陵（今江苏常州）、无锡、吴郡（今江苏苏州）、嘉兴，经上塘河至余杭（今浙江杭州）接钱塘江。

一、通济渠和汴渠

通济渠是隋大运河中最重要的一段，它分两段凿成：一段自今河南省洛阳市西的隋帝宫殿"西苑"开始，引谷、洛二水至黄河，大概循着东汉张纯所开阳渠的故道，由偃师至巩义的洛口入黄河；另一

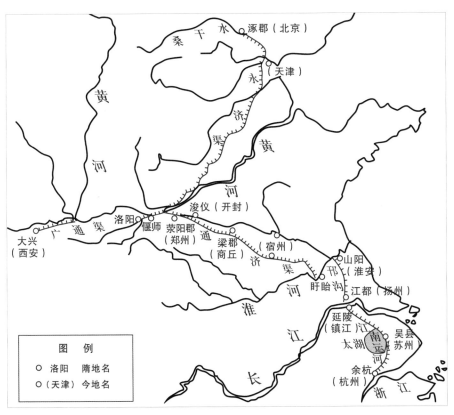

▲ 隋唐宋运河示意图 [引自：武汉水利电力学院《中国水利史稿》编写组 . 中国水利史稿（中册）[M]. 北京：水利电力出版社，1987]

段自河南的板渚（今河南省荥阳市汜水镇东北 35 里），引黄河水经荥阳、开封与汴水合流，又至今杞县以西与汴水分流，折向东南，经今商丘、永城、宿州、灵璧、泗县、泗洪县在盱眙之北入淮河。

通济渠在今商丘以下趋向东南，直接入淮，与东汉的汴渠入泗不同。旧漕渠自今徐州以下，流经泗水。由于泗水河道弯曲，又有徐州洪和吕梁洪之险，所以通济渠改行新道，撇开徐州以下的泗水径直入淮。同年，"又发淮南民十余万开邗沟，自山阳至扬子入江"。同时还进一步疏浚了山阳渎。通济渠和山阳渎共长 2000 余里（约 1080 千米），渠广 40 步，两岸筑御道，并种了柳树，既可护岸，又可给牵船人遮阴。

汴渠，隋称通济渠，唐称广济渠，但唐代民间通称为汴渠。它同古汴渠不同，古汴渠到开封的定陶一带，便同这个交通系统失掉联系。唐代则在开封开了一条湛渠，引汴水注入白沟（今河南省开封市祥符区北），以通曹、兖等州。

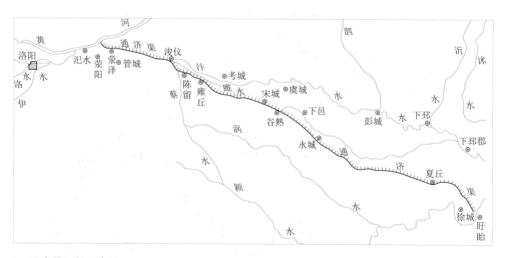

▲ 通济渠行经示意图
[引自：武汉水利电力学院《中国水利史稿》编写组. 中国水利史稿（中册）[M]. 北京：水利电力出版社，1987]

二、潮闸与复闸及其运行方式

（一）潮闸

漕船穿越江河大川的时间，受到天然河流水量丰枯变化的制约。为了保障漕船的安全和顺利过江、过淮、过黄，需要避开汛期和枯水期。因此有时限控制过港时间，称为"漕限"。为提高漕船过港的速度，节省转船时间和便于船只出入运口，唐代运口出现了闸门。《嘉定镇江志》记载："唐漕江淮撤闸置堰，国初淳化（990—994年）始诏废之。"这是唐代江南运河北端既筑过坝也建过闸的证明。

见于记载的运口最早的闸是淮扬运河南端的瓜洲扬子斗门。唐开元二十六年（738年）润州刺史齐澣所开的南端新河，其运口在仪真运口以东即伊娄埭。

宋代出现了"潮闸"的名称。潮闸具备引潮与借潮行运功能，它由运口河滩港汊上的闸门或坝组成，两闸之间的河段称塘，潮闸主要作用是借潮水的上行抬高水位，而引停泊在河港的船只顺利进入运河，蓄水也是暂时的，可以做到水量的日调节。唐代淮扬运河的瓜洲斗门、江南运河的京口塘和北宋西河闸应是见于记载较早的潮闸（坝）。

（二）复闸

到宋代，江南运河上出现了两重或两重以上闸门组成的复闸来取代堰埭，其工程构造、工作原理与现代船闸完全相同。复闸是具有引潮行运、蓄水、节水和输水功能的枢纽工程。

1. 真州闸

复闸真州闸由侍卫陶鉴寅主持，建成于北宋天圣四年（1026年）。北宋淮扬运河是漕粮北进都城汴梁的必由之道，靠潮闸引潮行运和堰埭节水的真州港不能应付繁忙的船只过港需求，尤其是初秋。复闸包括内外两重，真州闸由三闸而形成内闸和外闸，全长约合650米，每一闸室长约325米。

真州闸内外两闸结构、闸门和运行时各闸水流形态均不相同。外闸用以引潮，水流湍急。内闸水流平稳，随着水面上升，运口地形差逐渐消减，船只顺利驶入运河。它适用于水位差较小的地方，门是整体的，平面推拉关闭，启闭较困难，但便于船只出入。水澳是真州闸的又一创造。澳是特为蓄水开挖的陂池，引潮以蓄。澳的设置使复闸具有蓄水、节制水量和改善水道通航条件等多方面的功能，其在工程规划设计上的独特之处代表了古代水工建筑设计方面卓越的技术成就。

2. 京口闸、长安闸

北宋元符二年（1099年）京口闸改建为复闸，崇宁年间（1102—1106年）废，南宋嘉定年间（1208—1224年）再次复建。主要作用是引潮济运和节水。

京口闸枢纽工程由潮闸、复闸（自北而南称腰闸、下中上三闸）、水澳、澳堤及澳闸组成。潮闸即头闸，潮闸距江1里远，至腰闸之间是引潮段，也是船只候潮南行或北渡长江的泊地。这里有安流亭，南宋称济川亭。潮闸以南依次是腰闸、下闸、中闸和上闸。腰闸至下闸约430米，腰闸废后，潮闸至下闸约2里，下、中、上三闸形成两级塘河（相当于现今船闸的闸室）。这里正当京口段的最高处，下、中闸之间的闸室有沟与归水澳通，积水澳通中、上二闸之间的闸室，闸间距 130 米左右，有沟与积水澳通❶。

　　归水澳在布置上充分利用了镇江府城东侧有限的洼地，这里的高程又高于运河，可以自上而下往运河自流供水。归水和输水的过程就意味着澳的水量有一次大幅度的增减。堤防也是澳的主要设施，利用它经济合理地扩大了蓄水容积并取得了自流供水的势能。南宋时京口闸废弃，"独归水堤防犹存"❷，可见澳堤修筑也很用心。

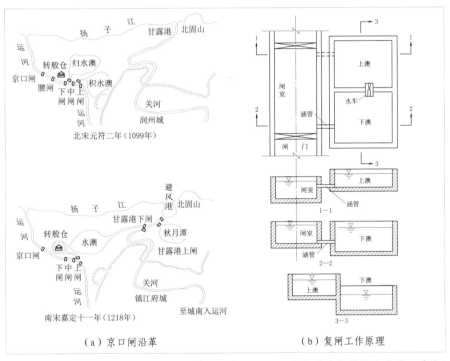

(a) 京口闸沿革　　　　(b) 复闸工作原理

▲ 京口通航枢纽布置示意图（据《大运河文化遗产保护技术基础》改绘）

❶ 引自：宋元方志丛刊·至顺镇江志（卷二）[M]. 北京：中华书局，1990：2636。原文："(运)河宽二十七丈；腰闸至转般仓前拖板桥 190 丈；下闸至转般仓东南七十九丈，河宽九丈。"

❷ 引自：宋元方志丛刊·嘉定镇江志（卷六）[M]. 北京：中华书局，1990：2366。

正是闸、澳、渠巧妙布置，与闸门启闭配合，才形成枢纽工程引潮、蓄水、节水和输水功能，形成了复闸类似船闸的运行机制："为渠谋者虑斗门之开而水走下也，则为积水、归水之澳，以辅乎渠。积水在东，归水在北，皆有闸焉。渠满则闭，耗则启，以有余补不足。是故渠常通流，而无浅淤之患。" ❶ 文中斗门是指运河上的闸，闸指两澳的节制闸。江潮到来时开潮闸，引潮入塘河，借潮行运，同时潮水还可经闸室由输水沟入水澳蓄积起来。落潮时，船只过闸，则由澳中放水入闸。

三、北宋堵口与埽工技术
1. 堵口技术

早期堵口记载缺略，至西汉年间才有确切的资料。北宋堵口技术已达到传统河工技术的顶峰。《河防通议》中对于堵口技术有专门的记载，称之为闭河。其过程大致如下：第一步，在决口口门两侧设立测量"表杆"，以指导整个工程的进行。第二步，沿决口口门上游架设浮桥一座，以便口门两边施工通行。第三步，借助浮桥，沿上口下木桩若干，再于木桩上游抛石，以减缓口门的水流速度，减轻堵口合龙的压力。第四步，从决口两端分别向口门中央筑堤埽推进。堤埽共五道，三道草埽，两道土堤。其间或有不严密处，则抛袋土包。第五步，堵口进至龙门口（一般约三四丈宽），水势愈加湍急，需加大堵闭强度，抛下

---

❶ 引自：宋元方志丛刊·嘉定镇江志（卷六）[M]. 北京：中华书局，1990:2373.

大量土包，并鸣锣击鼓以壮声威。第六步，合龙
后口门处尚有细流，必须及时在龙口上游修压口
道。如还有渗流，则用胶土填塞。堵口合龙即告
完成。这种施工方法将立堵与平堵相结合。

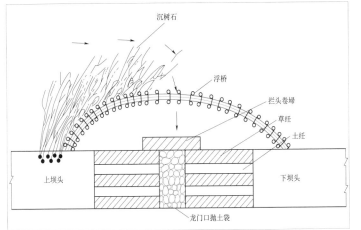

《河防通议》闭河
平面示意图（引自：
水利部黄河水利委
员会.黄河水利史述
要 [M]. 郑州：黄河
水利出版社，2003）

　　北宋是河工技术发展的重要阶段，其中元丰元
年（1078 年）的曹村堵口是这一时期堵口技术的典
型代表。这次决口是熙宁十年（1077 年）七月发生
的。当年河南西部一带连降大雨，黄河在滑州（今
河南省滑县东南）一带多处决口，其中曹村埽（濮
阳市西南）决口最大，夺黄河主流，向东冲入梁山
泊，尔后分作两股。北股由小清河入海，南股由泗
水入淮。泛滥所及达 45 郡，淹没农田 30 万顷，毁
民屋 38 万家。数百里外的徐州城被洪水围困 70 多
天，最大水深二丈八尺，几乎漫过城墙。堵口准备
工作从当年九月开始，次年闰正月十一日开始进占，
直到四月二十三日合龙方告完成。孙洙《灵津庙碑
文》记述曹村堵口："方河盛决时广六百步，既更冬
春益侈大，两涘之间遂逾千步。始于东西签为堤以
障水，又于旁侧阙为河以脱水，流渠为鸡距以酾水，
横水为锯牙以约水。然后河稍就道，而人得奏功矣。"

77

临到堵口时，决口处口门宽已达 1500 多米，于是先从决口两端分头进占。

2.埽工技术

埽是我国特有的一种用树枝、秫秸、草和土石卷制捆扎而成或层层建筑的水工或河工构件，主要用于构筑护岸工程或抢险堵口。单个的埽又称为捆、埽由等，多个埽叠加连接构成的建筑物则称为埽工。埽工在我国已有两三千年的历史，主要用于黄河等多沙河流上，是我国水工技术的一项创造。

埽工正式得名是在北宋初年，那时埽工已成为黄河修防的主要工程措施。天禧年间（1017—1021年）上起孟州（今属河南省）下至棣州（今山东省惠民县）共有埽工 45 座，此后黄河下游河道屡次北移，也大多随之继续修建埽工。元丰四年（1081 年）根据主管官员李立之的建议，沿当时的黄河北流河道，"分立东西两堤五十九埽工"。北宋埽工均以所在地名命名，设置专人管理，所需维修经费也按年拨付。"凡一埽岸，必有薪茭、竹捷、椿木之类。数十百万，以备决溢。使臣始受命，皆军令约束。"实际上埽工即当年黄河的险工段。

古代埽工制作最早的形制是卷埽，至清代乾隆年间演变成厢埽。北宋的卷埽技术一直传至现代，与目前宁夏河套灌区的草土埽工做法大体相同。埽工的固定方式有两种：一种是用长木桩贯

▲ 卷埽技术示意图（引自：周魁一. 中国科学技术史. 水利卷 [M]. 北京：科学出版社，1990）

穿埽体，直插河底；另一种是用绳索将埽体固定在
事先埋于堤上的桩橛。有时两种固定方式并用，如
《宋史·河渠志》所载；有时单纯使用绳索固定，
如《河防通议·卷埽》所记。卷埽材料中，树木枝
梢与芟草间的比例为"梢三草七"。各个埽捆纵横
排列，其间用竹绳牵连形成整体。北宋年间，埽工
修筑的险工，在临近主溜的地段，单一埽捆长达
二三百步或至千步，高十尺至四十尺，规模和耗资
巨大。

◎ 第五节 城市水利塑成都

唐宋时期是成都城市水利体系建设的完善阶
段，近代的格局也在这一时期奠定。特别是晚唐的
罗城修建，使水利体系布局趋于合理，并有了较为
完整的城市供水排水系统。在建设的同时，还注意
到维修管理，绘图立说，建立必要的规章制度。

横贯成都城区的水道，到唐代已有所淤废。贞元
元年（785年），节度使韦皋重新布置开挖，从城西
北角引郫江水源进城，在东南流经大慈寺南侧，至城
区东部又汇入郫江。大中七年（853年），节度使白
敏中从城西南部开渠，引郫江水源进城，由西向东汇
入解玉溪，横贯城区主要街道，以排除雨水及生活污
水，时称襟河，后又改称禁河、金河。城市水道系统
中供、排分家，改善了供水水质和城市环境。

唐代后期政局不稳，成都常受西北面的吐蕃和
西南面的六诏侵扰。为了改善城防能力，节度使高

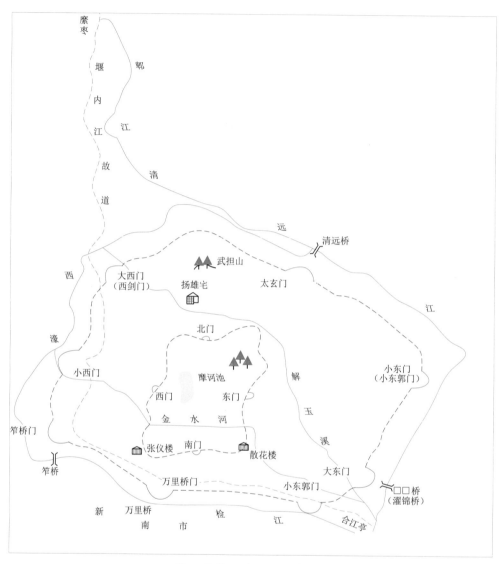

▲ 唐成都形制及城市水系示意图（引自：谭徐明．都江堰史 [M]．北京：中国水利水电出版社，2009）

驸于乾符三年（876年）作出规划，决定扩大城区，并将成都城墙加以改建，内用黏土夯实，外用大砖镶砌，称之为罗城。在改造旧城的同时，也将水道作了全局性的调整。改动最大的是郫江（今称府河），在河道进入城区西北角处，设闸门加以控制，将下段河道另行处理，重新开挖新河。新河改绕城区的北面和东面，在城东南角合江亭附近与检江（今称南河）汇合。郫江的进城节点与汇流节点虽未变，但河道却由原先的绕城西城南，变为绕城北城东；检江则仍然绕城南行进。新开的城北郫江，当时称为清远江，担负起接纳暴雨径流的任务。在进城节点处，原先有东北、西南向的防洪堤，相传为诸葛亮所建，堤长约9里，称为"九里堤"，用以阻挡来自西北方向的暴雨径流，使之免入城区。高骈则利用郫江这一段作废的河道，改造为糜枣堰，作为拦截雨洪径流的二线工程；非汛期则借以提供农田用水。这样一来，成都二江就由原先并行走城南的格局，变为"二江抱城"的格局，使城区四面都有大河环绕。同时在城墙外侧，结合取土，挖成护城河，城周又环绕了一圈较小的水道，大大提高了抵御外敌攻城时的防卫能力。护城河系统又与城区内部水道连通，在其穿越城墙处修建涵洞，涵洞进水一侧设有铁栅，一方面可以阻拦污物进入城内水道；另一方面也起安全保卫作用。

◎ 第六节 国家水法始颁布

《水部式》是我国第一部国家水利法，是唐代中央政府颁行的。现存《水部式》系在敦煌发现的残卷，共29个自然段，按内容可分为35条，2600余字。内容包括农田水利管理、碾的设置及其用水量的规定、航运船闸和桥梁渡口的管理和维修、渔业管理以及城市水道管理等内容。现存的法规中涉及关中灌区的内容较多，例如：规定郑白渠等大型渠系的配水工程均应设置闸门；闸门尺寸要由官府

▲《水部式》残卷书影

核定；关键的配水工程定有分水比例；干渠上不许修堰壅水，支渠上只许临时筑堰；灌区内各级渠道控制的农田面积要事先统计清楚；灌溉用水实行轮灌，并按规定时间启闭闸门等。对于灌区的机构和人员配备，《水部式》规定：渠道上设渠长；闸门上设斗门长；渠长和斗门长负责按计划配水；大型灌区的工作由政府派员督导和随时检查；有关州县选派男丁和工匠轮番看守关键配水设施；发生事故应及时修理，维修工程量大者，县可向州申请支持。《水部式》还规定，灌区管理的好坏将作为有关官吏考核晋升的重要依据。此外，对于农业用水与航运和水碾用水之间的调节分配，也作了相应的规定。

◎ 第七节 水资源税溯起源

小贴士

水资源税

水资源税指国家对使用水资源征收的税种。我国自 2016 年 7 月 1 日起全面推进资源税改革，并率先在河北试点，采取水资源费改税方式，将地表水和地下水纳入征税范围，实行从量定额计征，对高耗水行业、超计划用水以及在地下水超采地区取用地下水，适当提高税额标准，正常生产生活用水维持原有负担水平不变。在总结试点经验基础上，逐步扩大试点范围，条件成熟后在全国推开。

水资源税在灌溉水税的征收上表现最为明显。灌溉通过水利工程才能实现，工程的兴建和维护都需要经费投入，古代的农田水利工程建设或由政府出资，或集体组织兴建，获得灌溉的农田因而提高了产量，所以受益农田较之其他无灌溉工程农田的田租有所增加，增加值的一部分就应交还用于工程的建设和维修费用，以实现新的循环，这个田租的附加值就是水资源税。可见征收水资源税是实现工程管理的关键措施之一。

灌溉水税的征收最早始于汉代。汉代水官有收取水税的职能。

先秦时期已出现有关水资源利用的税收。儒家经典著作之一《礼记》中记载的"水泉池泽之赋"就是针对湖泊池泽中水产的税收，是否包括灌溉水费在内则不明确。

西汉主管水政的官员称作水衡都尉，主要职责就是制定和收取水税。东汉时期水利建设归司空一职统一领导，而收取水税的权限下放给郡县，其官员称都水官，主持平均用水的工作。但农户田亩多寡不同，要做到按田亩面积平均用水，其依据只能是受益户平均出钱或平均出力，包含有收取水税的工作。

水税的收取幅度缺乏记载，仅有西汉末年贾让的"治河三策"中提倡引黄灌溉说和西晋时期著名学者傅玄（217—278 年）在泰始四年（268 年）针对灾荒的奏疏中，对旱地与水田收获之比较以为参考。

唐以后各代灌溉水税已有明文记载，并在政府法律法规上有专门规定。

唐代引渭水及其支流形成成国渠灌区。成国渠在咸通十一年（870 年）因六门堰工程损坏已有 20 多年，未能发挥灌溉效益，但是，灌区农田仍旧"岁以水籍为税"，当地老百姓要求政府贷款用作修堰经费，承诺"候水通流，追利户钱以还"，并得到皇帝的支持。上述"水籍"即注册的水浇地，"为税"即照章纳税。这是旱作灌区的做法。

稻作区也征收水税，例证来自正反两个方面。后唐长兴三年（932 年）枢密使上奏说，当时东都洛阳城南设稻田务管理税收，但每年维持灌溉所需经费为二千七百贯，而"获地利才及一千六百贯，所得不如所亡，请改种杂田"（《册府元龟 卷495》），而将渠道供水转移至水碾。水碾也要收取相应水税，经济上政府反而合算。这项建议被批准。

后周广顺三年（953 年）因部队营田管理不善，也将共城县（今河南省辉县市）原设之稻田务撤销，土地划归州县管理，由百姓佃种。至于税收，"宜令户部郎中赵延休往彼相度利害及所定租赋闻奏"，同样有额定稻田租赋问题。而稻田租赋中有无水税项目呢？可以由宋初的史实反证。

北宋开国之初为稳定政局，曾一度普遍减免税收。首先提出的是河北、山东等地州县，当地河川雨季设有摆渡，收取摆渡税，而旱季还要在这些渡口收税，名曰"干渡"。建隆元年（960 年）宋太祖指示免除前代诸国旧制中的摆渡税。此后类比干渡税，相继免除的税种还包括"橘园、鱼池、水碓、社酒、莲藕、鹅鸭、螺蚌、柴薪、地铺、枯牛骨、溉田水利等名，皆因诸国旧制，前后屡诏废省"（《宋史·食货志下八·商税》），其中所说的"溉田水利"税种，可反证五代时期各国设有水税。如后周于广顺三年（公元 951 年）撤销稻田务之后又"定租赋"，显然包括水税在内。

◎ 第八节 灌排机械始发明

灌排机具方面，唐宋戽斗、龙骨水车已在各地普及，式样多种。唐代还创制了筒车和井式水车，宋元时类型更多。在动力方面，除人力外，还广泛利用畜力、水力和风力，大大增强了提水灌排的能力。

水车大约到东汉时才产生，当时叫翻车，是水车发展的早期阶段。在隋代翻车进行了改进，已有"水车以木桶相连，汲于井中"，类似现在的立井式水车。唐代筒车的出现，又是水车的一次技术革命。唐代陈廷章在《水轮赋》中生动描述了新式筒车的功能，它"凭河而引""终夜有声""钩深至远，沿洄而可使在山；积少成多，灌输而各由其道"，日夜不息地灌溉着远近的高田，这是人力翻车无法比拟的。南宋张孝祥在一首关于"湖湘"地区灌溉的诗中，描述这种筒车："象龙唤不应，竹龙起行雨。联绵十车辐，伊轧百舟橹。转此大法轮，救汝旱岁苦。横江锁巨石，溅瀑叠成鼓。神机日夜运，甘泽高下普。老农用不知，瞬息了千亩。抱孙带黄犊，但看翠浪舞。"

在没有条件架设筒车的地方，翻车在灌溉和排除田间积水上则具有特殊的功能。

◀ 水转翻车（引自：[明]宋应星.天工开物[M].潘吉星，译注.上海：上海古籍出版社，2008）

第五章

元明清时期

◎ 第一节 大河改道沧桑变

黄河由于多沙，大量泥沙在河床淤积，下游形成地上河，极易决口改道，历来有"善徙"的特点。自南宋黄河夺泗夺淮南行以来，受黄河泥沙的影响，黄淮海平原的河湖水系、地形地貌都发生了剧烈变迁，堪称"沧海桑田"。元明清三代以保障漕运为目的的治河，最终以淮河改道入长江、黄河铜瓦厢改道、漕运终止而告终。

自南宋建炎二年（1128年）至清咸丰五年（1855年），在夺淮南行的700多年间，黄河由于泥沙淤积而频繁在南北两岸决口改道。黄河泛滥对京杭运河的运用造成极大的干扰，淮河以北的运河，受黄河泛滥和其他自然河流改变也频繁改道，大量湖泊因黄河冲淤而消失（如大陆泽、巨野泽）或形成（如南四湖、洪泽湖）。由于黄河河道的快速淤积，16世纪时徐州以东黄河徐州洪、吕梁洪及以下河段（即原泗水下游）为黄河所夺，行水300多年后河道淤平，黄河行漕段终结。由此大运河与黄河相交的北运口位置，由元代开始，从徐州向下游不断地移动，直到今淮安市淮阴区古淮河北岸的杨庄。黄河向南的泛道，在13世纪时首先将黄淮间的运河——汴河掩埋于泥沙之下，然后在清口泥沙堵塞了淮河下游水道，由此引发了16世纪末至17世纪中期淮河清口段大规模的水利建设，在黄河泥沙淤积和水利工程双重作用下，诞生了淮河下游的人工湖泊——洪泽湖。明清两代以保漕运为第一目的的治河活动耗费了国家大量财力、物力、人力。

　　明万历六年至十七年（1578—1589年），潘季
驯着手系统治理黄淮运，创行"束水攻沙、蓄清刷黄"
策略，一方面大筑黄河两岸堤防以"束水"，另一
方面大筑高家堰以"蓄清"，拦蓄并抬高淮河水位，
迫使淮水专出清口刷黄。潘季驯的治河方略一定程
度上产生了积极效果，延缓了黄淮河道淤高的速度。
然而年深日久，河床最终仍然淤高，伴随着洪泽湖
水位的持续抬高，清口宣泄依然时有不畅。黄河、
淮河的大改道，是一个漫长的发展过程。

　　明万历二十一年（1593年），黄淮大水，淮河
入黄口门被堵，排泄不畅，洪泽湖水位急剧上升，
浸没泗州城和明祖陵。万历二十三年（1595年），
大水再次侵袭明祖陵，洪泽湖大堤溃决。为解除泗
州明祖陵的水患，时任总理河道杨一魁向朝廷提出
"分黄导淮"之策。万历二十四年（1596年），朝
廷采纳了杨一魁的建议，除兴建分黄工程外，在洪
泽湖大堤修建武家墩、高良涧、周家桥三座减水闸，

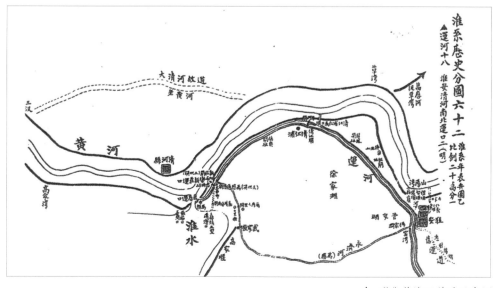

▲ 明代黄淮运关系示意图

以分泄淮河洪水经洪泽湖、运河下泄里下河地区入海；又疏浚接连高邮湖、邵伯湖的茆塘港，引水入邵伯湖；并开金湾河经芒稻河减水入长江。这是黄河夺淮之后，淮水入海受阻而疏通入长江的开始。但有明一代，淮河自洪泽湖下泄的洪水，主要出路是向东经里下河地区入海，分洪入江仍属次要。依然沿用潘季驯的治河方策，但形势愈发艰难，洪泽湖大堤不断延长、加高、加固，里运河增建归海、归江等泄水闸坝，分淮水入海入江，黄、淮下游得到暂时安流。但下游河床日益淤高的总趋势仍无法改变。到清道光、咸丰年间（1821—1855 年），黄河频繁大决，淮河不能畅出下泄，运河灌塘济运困难重重，已难以措手，至 19 世纪中期最终发生剧变。

清咸丰元年（1851 年），淮河干流大水，洪泽湖水位达 16.9 米，为有水位记载以来所未有。淮河在洪泽湖大堤南端礼河（即三河）坝决口，洪水由三河经宝应湖、高邮湖、邵伯湖及里运河入长江。三河坝冲毁后，终年不闭，冲口遂越冲越大。从此，淮河主流由出清口与黄河汇流入海，被迫改道向南注入长江，借道长江河口段东入东海，是为"淮河大改道"。四年之后，咸丰五年（1855 年）黄河于铜瓦厢决口，最终未能堵复，夺大清河入海，形成今天的黄河下游入海河道，是为"黄河大改道"。新的黄河在张秋、东平间冲断会通河，漕运至此步履维艰。黄河下游新河道快速淤高，成为南旺以北新的分水岭。在清代晚期的社会动荡和黄河大改道等多重影响下，至 1901 年国家漕运最终废止。

黄淮海平原的河湖水系格局、流域地理格局至此已发生不可逆的深刻变化。除黄河改道东行、淮

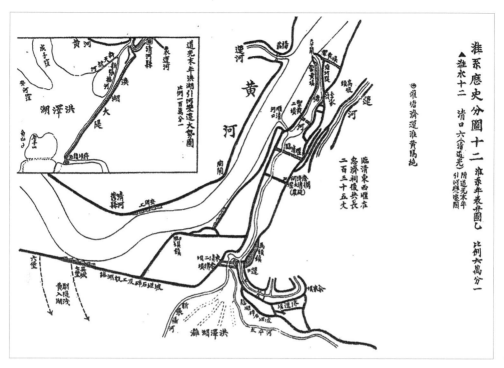

▲ 清代黄淮运关系示意图

河改道入江之外，在黄河泥沙和运河营建人类活动
的共同作用下，北京通惠河水源工程的建设塑造了
昆明湖、积水潭、中南海等湖泊水系；南、北运河
系统整合海河流域各水系，并最终分别成为海河南
系和北系干流；会通河的兴废伴随着北五湖（即安
山湖、马踏湖、南旺湖、蜀山湖、马场湖）的形成
和消失；黄河南徙背景下运河与黄河、淮河水系关
系的处理，最终导致南四湖、洪泽湖的形成，沂沭
泗水系从淮河流域分离。与运河、黄河及人类水利
活动密切相关的如此剧烈的自然地理环境变迁，是
世界范围内绝无仅有的。

◎ 第二节 束水攻沙潘季驯

　　束水攻沙是中国古代水利学者总结提出的治理黄河的著名技术理论和工程措施，源于西汉张戎的黄河冲淤关系分析及水力刷沙思想。西汉末年，黄河下游连年决口泛滥，王莽新朝时（公元9—23年）议治河方略，大司马史张戎指出河患的症结在于泥沙，单纯筑堤不能解决黄河频繁决溢问题。张戎明确提出了水流的挟沙能力与水流速度之间的关系："水性就下，行疾，则自刮除成空而稍深"。他认为河水本身具有冲刷特性，如果水流具有较高的流速，就可以依靠自身的冲刷力量排沙刷槽。

　　明代前期黄河下游夺淮入海，水道紊乱，主流迁徙不定。朝廷把保证京杭运河畅通作为治河方针，采取了"北堵南疏、分流杀势"的治黄方略，河患日益严重。潘季驯主持治河后，提出并实行了"束水攻沙"的一系列主张和措施，对稳定河势、减少河患起到了一定作用。他首任总河就提出"开导上源，疏浚下流"。再任总河，提出治黄的根本之计在于"筑近堤以束水流，筑遥堤以防溃决"。第三次任总河，兼管漕运，系统提出了在徐州以下黄河两岸高筑大堤，挽河归槽，实现束水攻沙；堵塞高家堰决口，加固高家堰大堤，逼淮水尽出清口，实行以清刷黄和以洪泽湖拦蓄淮河洪水的综合治理黄淮下游和运河的全面规划，对河防工程进

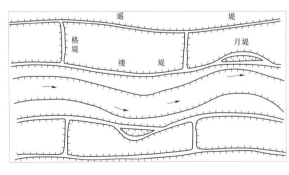

▲ 潘季驯束水攻沙堤防工程体系示意图

行了大规模整治。至万历七年（1579 年），在淮河上缔造了巨型人工湖洪泽湖，高家堰（洪泽湖大堤）为挡水建筑物，南段高亢之地设为"天然减水坝"（溢洪道），北端连通黄河、运河，由此发挥蓄淮、刷黄和济运三大功能；万历八年，又开启洪

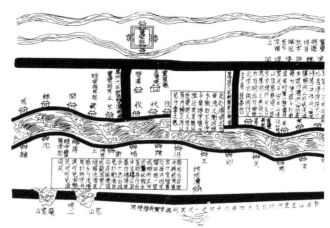

▲ 堤防系统（引自：[明]潘季驯.河防一览.（景印文渊阁四库全书）[M].台湾：台湾商务印书馆，2008）

泽湖大堤石工墙建设的序幕。第四次出任总河，坚持并发展了第三任时的主张，更加重视堤防建设。

潘季驯在长期治河实践中，吸取前人的成果，总结新经验，逐步形成了"以河治河，以水攻沙"的治理黄河总方略。其核心在于强调治沙；基本实践措施则是筑堤固槽，遥堤防洪，缕堤攻沙，减水坝分洪。这样，不仅改变了明代前期在治黄思想中占主导地位的"分流"方略，而且改变了历来在治黄实践中只重治水、不重治沙的片面倾向。经过潘季驯四次主持治河，不仅徐州以下至云梯关海口基本形成了堤防系统，而且郑州以下的整个黄河下游堤防都初步完善和加固，河道基本固定下来。运道一度畅通，在一段时间内水患相对减少。由于潘季驯时期已奠定了基础，经过后人的继续努力，明清河道维持了 300 年之久。潘季驯治河的主要贡献是：①把治沙提到治黄方略的高度，实现了治理思想的重要转变；②提出并实践了解决黄河泥沙问题的三条措施，即束水攻沙、蓄清刷黄、淤滩固堤；③系统总结、完善了堤防修守的一整套制度和措施。

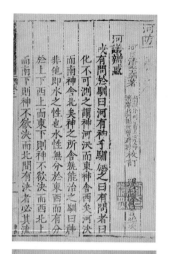

▲《河防一览》部分页面

潘季驯的治黄主张和实践有几个显著特征：紧紧抓住黄河沙多水少、年内水量分布极不均衡的特殊性；利用水沙关系的自然规律来刷深河槽；从河情地势的实际、当时的政治经济条件和科学技术水平出发，强调"治河之法，当观其全"，对治理黄、淮、运交汇的复杂格局有全面规划；特别是以高家堰为"两河关键"，把黄、淮、运三条大河捆绑在清口，将诸多矛盾一举解决；同时留下了至今仍发挥巨大效益的珍贵水利遗产——洪泽湖。

潘季驯的束水攻沙理论与现代河流动力学原理是一致的。20 世纪 30 年代，德国河流动力学者恩格斯（Huber Engels, 1854—1945 年）在德国进行了黄河河工模型试验，验证了束水攻沙治黄理论的正确性。不过，潘季驯的束水攻沙理论只限于定性的认识，还缺乏定量分析。他所设计的堤防体系约束了河道，减轻了频繁决溢灾害；但由于工程技术水平的限制和黄河水沙问题的复杂性，通过束水攻沙、减轻黄河下游河床淤积的努力并未在全局上取得明显的实效。潘季驯治河的基本主张和主要实践记录在其代表作《河防一览》中，深刻地影响了后代的治黄方略和实践。

◎ 第三节 京杭运河通南北

南宋建炎二年（1128 年），黄河南徙夺淮，在淮北平原漫流泛滥，汴渠遂废，以洛阳、开封为中心的隋唐宋大运河中断。元代定都北京后，立即着手营建自江南至北京的漕运水道，由郭守敬主持系统勘测规划。至元十九年（1282年）至二十六年分两段开凿会通河跨越山东地垒，又开通惠河沟通大都（今北京部分城区）至通州漕路，将永济渠的北段白河（今北运河）、卫河（今南运河），以及黄河以南的淮扬运河、江南运河连接起来，从而形成自北京至杭州，并连通浙东运河到宁波的连续水路，经过取直比隋唐宋大运河航程缩短超过500千米，是为"京杭运河"。作为中国东部南北交通的大动脉，京杭运河为元明清三代国家统一、南北方经济文化交流发挥了举足轻重的作用。

▲ 元代京杭运河示意图

元明清时期，以北京为漕运目的地的京杭运河，沟通海河、黄河、淮河、长江、太湖、钱塘江几大流域水系，全长约2000千米。经行地区地形地貌、水文水资源条件差异极大，最大地形高差达50米，沿线地区年降水量从不足500毫米至1500毫米不等。京杭运河按照地理环境、水系及河道水利工程特征分为七段，自北而南依次为通惠河、北运河、南运河、会通河、中运河、淮扬运河、江南运河。通过系统水利工程的科学规划和建设管理，京杭运河实现了近600年的畅通，岁漕运量达400万石。

一、会通河的开凿

元朝定都大都（今北京），自南而北的漕运，最初有两条途径可以进京：一是海运至天津转陆运；二是溯黄河至河南封丘中滦转陆运，至淇门入御河北上至通州，再转陆运北京。元代开凿北京至通州的通惠河和山东临清至徐州的会通河，在御河—泗水间实现了水路沟通，加上北京城至通州通惠河，由此京杭运河全线贯通。

至元十三年（1276 年）济州河开工，新开凿的河段自济州（今山东省济宁市）至安山（今山东省东平县）长 130 余里，南接金开凿的泗水运道，向北至东阿与大清河通。济州河以汶泗二河为水源，汶水自堰城坝分水至济州会源闸向南北分水济运。至元二十年济州河成，漕运开始自徐州吕梁洪，出黄河北岸经今山东北上。济州河的开通证实了跨流域调水配水规划的合理性，为后来运河最终实现御—汶—泗贯通和顺利穿越水资源贫乏地区跨出了关键的一步。济州河开通后，泗水御河间还有一段没有贯通。至元二十六年，在漕运副使马之贞的主持下，开渠南起须城安山，经东阿、聊城至临清，长 250 余里，元世祖忽必烈赐名"会通河"❶。后来会通河与济州河归于一河，统称会通河。

会通河跨越山东地垒，最高点在济宁以北南旺。元代会通河的分水枢纽在

▲ 大运河南旺分水枢纽遗址公园

---

❶ 引自：周魁一等注释. 元史·河渠志, 二十五史河渠志注释本 [M]. 北京：中国书店, 1990。

济宁会源闸（明清时期称天井闸）。会源闸分水位置距会通河地势的最高处南旺还有40千米，高程相差10余米，使得南旺段的航道供水困难。元代会通河不能通畅，年漕运量不超过20万石。明永乐九年（1411年）在工部尚书宋礼主持下，采纳山东汶上县老人白英的建议，将分水位置北移南旺，引汶水全部西南流至汶上县鹅河口入运河。汶水在南旺分流后，"南流接徐邳者十之四，北流达临清十之六。南旺地势高，决其水，南北皆注，所谓水脊也。因相地置闸，以时蓄泄"❶。至此，终于解决了越岭运河段济宁以北水源不足的问题。

戴村坝与南旺枢纽联合运行，实现水量调节、南北分水。戴村坝建成后，水经小汶河引至南旺诸湖水柜，使会通河最高地段南北分水处有了充足的水源。戴村—南旺分水枢纽经历了不断完善的过程。据明代王琼《漕河图志·漕河》记载，至明中期（约15世纪后期），南旺分水岭的南北分水已经实现了定量控制。"南旺北闸，在分水河口北；南旺南闸，在分水河口南，俱成化间工部郎中杨恭建议而设。"❷ 据《漕河图志·漕河职制》："成化十三年命工部郎中杨恭自通州至济宁，郭昇自济宁至仪真、瓜洲分理河道。"❸南旺建分水闸应在成化十三年（1477

▲ 今日戴村坝

❶ 引自：[清] 张廷玉.明史（卷一五三），宋礼传 [M].北京：中华书局，1974:4204。
❷ 引自：[明] 王琼.漕河图志（卷一），点校本 [M].北京：水利电力出版社，1990:38。
❸ 引自：[明] 王琼.漕河图志（卷三），点校本 [M].北京：水利电力出版社，1990:172。

年）稍后。南旺南北分水的北闸和南闸，即后来的十里闸和柳林闸。南旺诸水柜蓄水于诸湖，同时也蓄沙于湖。"如此，则二湖之役，不惟可为水柜，亦可为沙柜矣。"❶有了水柜容蓄，由河道清淤转而为水柜集中清淤，疏浚可间隔数年进行一次。南旺疏浚工程巨大，但是与汶水由洸河自天井入运河相比，不仅疏浚工程量减少而且施工战线大大缩短。

二、通惠河的开凿

元中统时（1260—1264 年），郭守敬向世祖忽必烈上疏建议开大都至通州水道，引玉泉水通漕。至元二十八年（1291 年），郭守敬对通惠河水源的引取、水量调蓄、运河节水等提出了全面规划："上自昌平县白浮村引神山泉，西折南转，过双塔、榆河、一亩、玉泉诸水，至西水门入都城，南汇为积水潭，东南出文明门（大都城东门，在今崇文门北 500 米），东至通州高丽庄入白河。总长一百六十四里一百四步。塞清水口一十二处，共长三百一十步。坝闸一十处，共二十座，节水以通漕运，诚为便益。"❷至元二十九年，在时任都水监的郭守敬主持下开始实施。郭守敬的规划得以全部实施。通过水利措施将北京西山的泉水引入瓮山泊（今颐和园昆明湖），再通过输水渠道进入市区的积水潭及内城各海子，形成了包括今北海、中南海内城水域的北京各湖。

---

❶ 引自：[清] 张伯行. 居济一得（卷二），丛书集成本 [M]. 上海：商务印书馆，1935：28。
❷ 引自：周魁一等注释. 元史·河渠志，二十五史河渠志注释本 [M]. 北京：中国书店，1990：237。

城内各湖对水量进行再次调节，有控制地向运河供水。元大都至通州高差20余米，在通惠河上修建了20多座连续闸，节水并保障通航水深。通惠河及其水源工程的市政功能、环境功能后来日益显现，由运河的水源工程衍生为北京城市河湖水系，今天仍在发挥重要作用。

三、南阳新河、泇河、皂河、中运河的开凿

元代京杭运河全线贯通后，自徐州至淮阴段借用黄河河道行运，即"漕行河运"的格局。明前期黄河决溢多在河南归德、开封一带，对运河的影响主要为运堤决口或运道过浅等，通过着力整治，可勉强维持通行。至明中期，黄河决溢集中于徐州上下，黄河和运道经常淤塞上百里，疏浚清淤困难，且多次向北决口冲断和淤塞山东段运道，致水运条件日益复杂。嘉靖五年（1526年），黄河自徐州向下游多处相继决口，黄河水越过运河注入昭阳湖，运河庙道口（今沛县西北）一线淤塞几十里。此后30多年间，黄河先后决口10余次，运河淤积日益严重。至嘉靖四十四年，黄河北决沛县，穿运河东堤漫入昭阳湖，运道淤塞200余里。**❶** 这种情况下，嘉靖朝开始规划改移运河路线，开凿南阳新河。至隆庆四年（1570年），河决邳州，自睢宁至宿迁淤180里，**❷** 因此又筹划开

---

❶ 引自：明史·河渠志，二十五史河渠志注释本 [M]. 北京：中国书店，1990：399。
❷ 引自：明史·河渠志，二十五史河渠志注释本 [M]. 北京：中国书店，1990：352。

汕河，以避开黄河行运。明代开南阳新河和汕河后，宿迁以下仍需借助黄河行运。至清康熙年间，河道总督靳辅先后开皂河和中运河，运河与黄河基本脱离，水系分布格局基本奠定，至今改变不大。这是明清运河格局的一次巨大变化。

明嘉靖七年（1528 年），总河都御史盛应期主持，将运河河线由昭阳湖西改到昭阳湖东，期望以昭阳湖为滞洪区，避开黄河北泛对运河的影响，名"南阳新河"。南阳新河开工后未及一半，盛应期调离，工程停工。嘉靖四十四年七月，黄河北决沛县飞云桥，

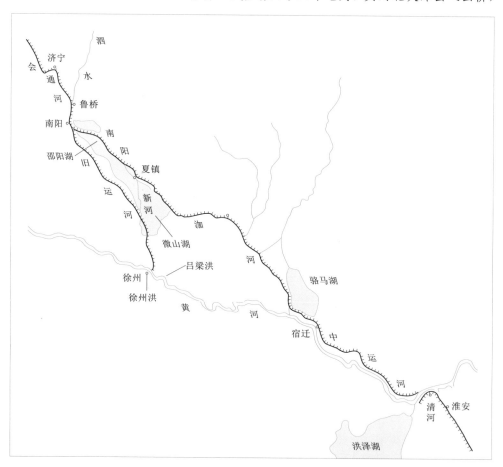

▲ 避黄行运示意图（引自：姚汉源．京杭运河史 [M].北京：中国水利水电出版社，1998）

冲断运河入昭阳湖，泛滥再折向南，滞蓄于沛县、徐州间，黄河徐州洪、吕梁洪以上运道大阻。次年，工部尚书朱衡主持重开南阳新河。隆庆二年（1568年）新河成。南阳新河堤长140里，通黄运口东移至徐州东北，自留城而北，新河上有节制闸13座，减水闸、减水坝30余处。沿途导泗水支流薛河、彭河入运河[1]。

嘉靖四十四年后，黄河河势大变，曾经激流险滩的徐州洪、吕梁洪淤为平浅河道，黄河漕路遂经常因为河道水涸受阻。隆庆三年（1569年）七月，河决沛县，会通河徐州运口至茶城淤塞。是年，漕船2000余艘受阻于邳州[2]。总河都御史翁大立建议开泇河，自会通河薛河口以下开新河，经韩庄东南接泇河，南下通黄河。这条路线避开了徐州、吕梁二洪。由于工程巨大，之后30年间，开泇河屡议屡不决。万历二十年（1592年），黄河南决黄堌口，大溜南下，徐州以下黄河断流。此后，黄河在徐州以上或北或南决口，每年开渠引水济运。万历二十八年泇河开工，三十二年完成。初泇河至邳州直河入黄河，天启五年（1625年）再开新口东南至宿迁，经黄墩湖、骆马湖入黄河，形成了运口与黄河多口相通的出入通道，既可宣泄山东沂蒙山区的洪水入黄河，又给漕船的出入带来方便。

清康熙二十五年（1686年），河道总督靳辅接

❶ 引自：明史·河渠志，二十五史河渠志注释本 [M]. 北京：中国书店，1990:400。原文为：
"（隆庆元）五月，新河成，西去旧河三十里……新河自留城而北，经马家桥、西柳庄、满家桥、夏镇、杨庄、珠梅、利建七闸，至南阳闸合旧河，凡百四十里有奇。"
❷ 引自：明史·河渠志，二十五史河渠志注释本 [M]. 北京：中国书店，1990:401。

泇河向东开中河，即后世所称"中运河"。中运河是在黄河北岸的缕堤和遥堤之间的低地开挖而成，东至淮阴清口东岸。中运河完成后，京杭运河除与黄河在清口平交外，运河与黄河脱离，此后漕船重运，一出清口，即过黄河，由仲家庄闸进中运河后，风涛无阻，避黄河200里之险。运河过淮后抵通州时间，较此前提前一个月。

四、元明清时期大运河水利工程科技

元明清时期大运河工程科技进一步发展。通过大型工程枢纽、大规模工程群的建设和运用，解决运河水源、地形高差的跨越、防洪以及黄淮运关系等问题，以及同类工程建设和管理的标准化，是这一时期运河工程科技的突出特点。这一时期淮河上兴建了长约60千米、最大坝高达19米的大型堰坝工程——高家堰，并由此形成了中国第四大淡水湖——洪泽湖。会通河水源工程戴村坝、浙东运河控制工程三江闸以及各减水闸坝也大都是长度超过100米的大型砌石工程。这些大型砌石闸坝工程的建造在13—19世纪世界土木工程技术史上具有重要意义。超过20座的连续节制闸群在会通河、通惠河上的运用，代表了这一时期解决运河地形坡降和水源消耗问题的典型技术手段，同时体现了工程系统管理的能力。系列减水工程（减水闸坝和减河）已经成为南、北运河及淮扬运河普遍应用的防洪技术手段。京杭运河的运行基本处于黄河南行期间，清口成为黄淮运交汇枢纽，明清两代以保障漕运为目的在此实施黄淮运综合治理的"蓄清刷黄"方略，建造了各种类型的水利工程，使清口成为运河上形势最为复杂、工程最为密集、演变最为频繁的枢纽。浙东运河萧绍段的控制工程三江闸通过多处水则的运用，对以运河为骨干的区域水网的水量水位实现定量调控，具有重要科技意义。

由于黄淮入海水道的严重淤积，淮河下游入海不畅，不断分流入淮扬运河，并在1851年最终改道由运河入长江。为保障漕运安全，清代修建归海五坝、归江十坝以解决淮水出路。1855年黄河在河南铜瓦厢决口夺大清河入渤海，在山东张秋冲断会通河，加之清口"倒塘灌运"的失败，清廷于1901年宣布终止漕运。京杭运河遂失去国家整体管理，成为区域性河流。

◎ 第四节 清口枢纽为保漕

清口，即古泗水入淮口。泗水又称清水，泗口因名清口。1128年黄河夺淮后，淮扬运河与黄河、淮河交汇于淮安清口一带，使得该区域水系分布较为复杂，治理更为困难。明清两代，清口成为以保漕为主要目的、系统治理黄淮运的核心区域，也成为中国水利矛盾最为集中、水利工程设施最为密集、修治最为频繁的区域。

高家堰是清口枢纽的核心工程，又称洪泽湖大堤。黄河夺淮之后，随着黄淮合流入海水道河床的逐渐淤高，淮水逐渐在清口以上壅潴成湖。为保卫里下河地区，明永乐年间，平江伯陈瑄筑高家堰，大堤自武家墩开始，经大小涧至阜宁湖。至万历六年（1578年），潘季驯提出"束水攻沙""蓄清刷黄"方略，以遏制黄淮下游河道淤积，保障漕运顺利通过清口。其思路即利用淮河清水冲刷下游河道，并坚筑缕堤以塑造中水河槽。当时黄河已经出现频繁倒灌洪泽湖，清口在洪泽湖（淮河）的出口，要想使淮水顺畅流出冲刷黄河并防止黄河水倒灌，关键在于抬高洪泽湖水位，使淮河高于黄河。因此"蓄清刷黄"的核心即加高高家堰大堤，抬高洪泽湖水位。于是潘季驯重修高家堰，自武家墩，经大小涧，至越城，长60多里，高一丈五尺❶。越城以南稍高，有意不做堤防，留作"天然减水坝"又耗时四年，于高家堰中段砌石工墙防浪，洪泽湖大堤基本建成。"蓄清刷黄"也取得初步成效。

清康熙十六年（1677年），靳辅出任河道总督，他秉承了潘季驯"蓄清刷黄"的遗意，加高加固清口至周桥90里长旧堤，新建周桥至翟坝堤防，使之长达100余里❷。此后，高家堰不断加高加

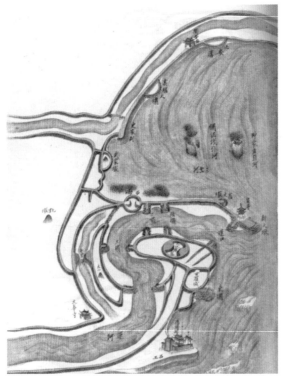

▲ 康熙年间的清口运口
（引自：清代张鹏翮《治河全书》）

---

❶ 引自：[明]李春芳. 重筑高家堰记. 明经世文编（卷281）. 北京：中华书局，1962：2977。
❷ 引自：[清]靳辅. 治河要论. 清经世文编（卷98）. 北京：中华书局，1992：2402。

固，其中，康熙三十九年
（1700年），大修高家堰，
北起武家墩，南至棠梨泾。
雍正十年（1732年），将
洪泽湖大堤险要处均改建
为石工。乾隆十六年（1751
年），将大堤信坝以北一
律补还石工，信坝以南至
蒋家闸一律改建为石基础
的砖工。嘉庆十六年（1811

▲ 今日洪泽湖大堤

年），加筑高家堰大堤土工16000余丈，石工间断加
高一二层。至清咸丰五年（1855年）黄河北徙时，洪
泽湖大堤北起武家墩，南至蒋坝，蜿蜒67千米，可谓"长
虹万丈，屹立如山"。

　　高家堰初为土堤，后改做砖堤、石堤。石堤自
明万历八年（1580年）开始修建，至清乾隆四十六
年（1781年）完成，前后历时200余年。据记载，
明隆庆年间，洪泽湖大堤堤顶高程为11.32米，
清乾隆四十六年增至15.49米，清道光年间增至
17.20米。高家堰（高加堰）的名字即缘于此，所
谓高加者，"盖益加而益高耳"。❶高家堰壅高了洪泽
湖水位，同时也增大了低洼的里下河地区的洪涝风
险。洪泽湖就像高擎在里下河地区头上的一个巨盆
一样，大堤一旦溃决，洪水倾泻而下，不仅民田庐
舍被淹，淮扬运河也会被冲毁。为宣泄湖水，又在

❶ 引自：[清]傅泽洪．行水金鉴（卷62），文渊阁四库全书本 [M]．上海：上海古籍出版
社，1987：82。

▲ （清）麟庆《鸿雪因缘图记》中的智、信二坝

洪泽湖大堤上建减水闸坝，溢流堰顶高程比堤顶低数尺，湖水位超此即可开坝放水，保障大堤安全，并于高家堰及清口一带设立志桩（水尺），时刻监测相关各处水位。明嘉靖年间为防湖水淹没明祖陵，即于湖东南周桥与高良涧、古沟等处建减水石闸。❶ 此后随着高家堰工程的续建加高，减水闸坝也多次改建。至乾隆年间，高家堰上建有 5 座减水石坝，称仁、义、礼、智、信五坝。这些减水坝一般利用石工墙护边，两侧裹头用巨大的条石砌筑，条石之间用铁锭连接，白灰糯米汁灌缝；堰顶用石板铺面；由于减水坝建在土基上，用数米长的木桩做基础。减水坝平时不泄水，汛期洪泽湖涨水，清口宣泄不及时，在仁、义、礼坝中酌情开一坝；水位续涨则渐次增开；仁、义、礼三坝过水三尺五寸，再开智坝；水势仍不减，则五坝全开。坝的运用方式比较灵活，当需要将洪泽湖水位蓄高时，可以在溢流堰顶加筑草土堰。

明清两代大筑高家堰，实施"蓄清刷黄"方略，而由于黄强淮弱的根本特性，下游河道仍继续淤高，至清代清口倒灌问题已经非常严重。乾隆末年堵闭淮水出清口，引河主流改入运口，不再与黄河合流。

❶ 引自：[清]阿克当阿修,姚文田.（嘉庆）重修扬州府志（卷14),河渠志 [M].扬州:广陵书社, 2006。

嘉庆、道光年间在清口导淮引河上建季节性的堰坝，临近洪泽湖的称"束清坝"，临近黄河的称"御黄坝"，通过二坝来调整淮水出流和防止黄水倒灌，同时通过高家堰减水坝的启闭来调整洪泽湖水位。"嘉庆七、八、九年，（黄）河底淤高八九尺到一丈不等，是以清水不能外出。"❶运口同样淤高3～4米不等，原河宽100～200米，至此仅宽3～20米，河深也只有1米左右，通航愈来愈艰难。明万历以来形成的高家堰—清口枢纽"蓄清刷黄"的功能至此终结。

▲ 乾隆五十年（1785年）清口枢纽示意图（引自：谭徐明，等.中国大运河遗产构成与价值评估 [M].北京：中国水利水电出版社，2012）

由于清口的严重淤积，道光年间通漕开始实行"灌塘济运"，即用草闸堵筑御黄坝和束清坝口门，在两坝间形成封闭水道，称为"塘河"。船只北上，则开束清坝草闸引清水灌塘，船入塘河后关闭草闸，再开启御黄坝草闸出船，类似于船闸。岁漕400万石，灌塘济运需动用巨大的人力物力。以此阻挡黄河泥

❶ 引自：［清］铁保.筹全河治清口疏.清经世文编（卷100）[M].北京：中华书局，1992：2459。

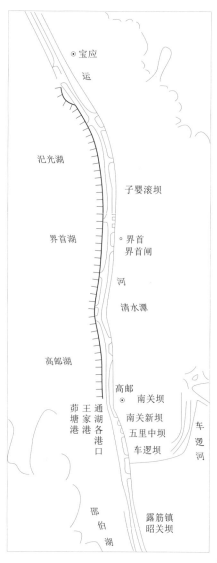

▲ 归海减水坝分布示意图
（引自：《中国大运河
遗产构成与价值评估》）

沙，其实是不得已的措施。

至道光末年，淮河清口出路基本淤废。咸丰元年（1851年），洪泽湖在礼坝（今三河口）决口，淮河从此全河改道。此后礼坝没再修复，淮河经洪泽湖出礼坝下入白马湖，或东经运河进入里下河地区，或经高邮诸湖南下，在邵伯与运河合流后自江都三江营入长江。淮河改道后，运河防洪压力更大，主要排泄通道为归海五坝和归江十坝。

归海减水坝始建于康熙十八年（1679年），至乾隆二十二年（1757年）形成5座主要减坝的格局，即南关坝、南关新坝、五里中坝、车逻坝、昭关坝。并结合洪泽湖泄水情况制定五坝启放标准：如洪泽湖大堤五滚坝过水渐多，车逻、南关二坝过水至三尺五寸，开放五里中坝；车逻、南关二坝过水至五尺，开放南关新坝。❶五坝中，车逻、南关二坝长年开放，随时减泄。其他各坝不轻易开放，总体保持运河存水五尺为度，以保障通航。此后归海五坝启用标准多次修订。至道光八年（1828年）规定，运河水长至一丈二尺八寸，方可开放车逻坝；长至一丈三尺二寸，再开放南关坝；长至一丈三尺六寸，再开五里中坝；长至一丈四尺，再开南关新坝。咸丰五年（1855年），署两江总督李鸿

---

❶ 引自：清高宗实录（卷550）[M]．北京：中华书局，1985：1018–1019。

章等人请以立秋为度，立秋节前，高邮汛志桩水位长至一丈四尺，启放车逻坝，每加四寸，次第开放南、中、新坝。如逾立秋，则照一丈二尺八寸标准启放。为控制水位和排洪流量，还在堰顶上用草土封顶，开坝后洪水自行冲毁堰顶的土坝，不影响下部石堰。归海五坝在排泄淮扬运河洪水方面，尤其是清中期淮水大部南行后，为排泄或分泄淮河洪水发挥了积极的作用，但给里下河地区带来了深重的灾难。

1851 年淮河改道后，淮扬运河上的归江减水闸坝成为淮水主要的下泄通道。归江工程也是陆续建成的，至道光年间形成最终规模。归江十坝为金湾北闸、金湾滚坝、东西湾滚坝、凤凰引闸、湾头闸、廖家沟滚坝、石羊沟滚坝、董家沟滚坝、芒稻闸、褚家坝的统称，各坝名称不同时期也有变化。各坝下有引河导淮入江，并根据志桩水位制定了明确的启坝制度。归江十坝之下有引河 6 道，河形均自北而南，而湾头至仙女庙则有古运河自西而东，北岸承 6 道引河之水；南岸则为廖家沟、石洋沟、董家沟、芒稻河合为 4 道引河；又南下至十里店、韩家渡 4 道引河入芒稻河，与石洋沟合为 2 道引河；同入沙头夹江至三江营则合 2 道引河为 1 道引河。归江河道由六而四，再合为二，合为一，河面由宽浅而窄深，水势先散而后

▲ 归江十坝分布示意图（引自：《中国大运河遗产构成与价值评估》）

聚，河身自高而低，其冲刷力数百年不变，至今仍在运用。❶

◎ 第五节 海上长城恒稳固

　　钱塘江流域是中华文明的发祥地之一。钱塘江干流（北源新安江一系）全长 688 千米，自西向东贯穿皖南和浙北汇入东海，流域面积 55558 千米^2，其中 86.5% 在浙江省境内。钱塘江流域是典型的亚热带季风湿润气候，四季分明，气温适中，雨量充沛，多年平均年降水量 $1200 \sim 2200$ 毫米，自西向东北递减，每年 6 月中下旬至 7 月上旬为梅雨期，梅雨和台风是造成钱塘江大规模洪水的主要原因。

　　钱塘江河口地带是古越文明的发祥地，是华夏文明的摇篮之

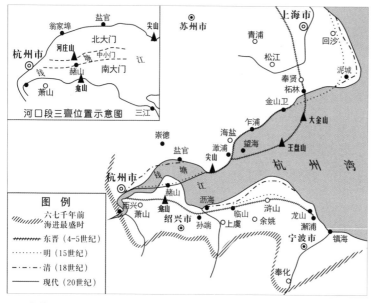

▲ 钱塘江河口岸线变迁及三
　 矗位置示意图（引自：《钱塘江志》）

---

❶ 引自：水利部治淮委员会《淮河水利简史》编写组 . 淮河水利简史 [M].
北京：水利电力出版社，1990:275。

一，现在仍是中国经济最发达的地区之一。钱塘江河口特有的喇叭口形态，造就了世界上独一无二的自然景观——钱塘江大潮。上海南汇芦潮港与浙江宁波镇海之间的河口外口宽98.5千米，自此向内85千米，河道宽度急剧收缩，至嘉兴海盐澉浦与余姚慈溪交界的西三闸之间宽仅19.4千米。涌潮进入杭州湾之后，由于两岸急剧收缩及河床抬高等原因，造成潮波能量集聚、潮差增大、潮头水位壅高，形成景象壮观、声势浩大的钱塘江大潮，为世界奇观。

气势宏伟的钱塘江潮不仅蔚为奇观，同时蕴含着巨大的破坏力，有史以来咸潮内侵、淹溺成灾频繁，据统计自唐武德六年（618年）至1948年之间的1331年间，有史可稽的潮灾共183个年份，其中明清及民国时期136个年份。钱塘江两岸是早期人类文明发祥地之一，历史上长期是中国经济、文化、政治发达的地区，为了抵御涌潮带来的灾害，这里创建和发展了海塘工程，其中明清时期的鱼鳞大石塘在水利工程技术史上具有不可替代的重要地位，至今仍在持续利用和发挥功效。历史上杭州湾岸线变迁剧烈，海塘工程是两浙地区社会、经济、文化发展的基本保证。海塘是独特环境和需求下的一种特定水利工程类型，经历了不同材料、结构、工程技术的发展历程，蕴含特有的工程科技。

钱塘江海塘在秦汉时已开始修建。唐代浙江开始大规模修筑捍海塘，宋代海塘有较大发展，已出现土塘、柴塘、木柜装石（石囤）塘、石塘等，工程技术不断发展。经多次改进，直到明代黄光

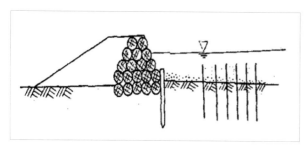

▲ 吴越王钱镠竹笼石塘示意图

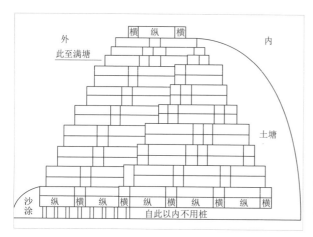

▲ 明代黄光升五纵五横鱼
鳞石塘结构示意图

升创立五纵五横鱼鳞石塘、清代朱轼在此基础上进一步改良定型为鱼鳞大石塘的标准塘式，海塘工程技术达到历史上的顶峰，成为稳固的"海上长城"。

明嘉靖二十一年（1542年），黄光升在前代砌石海塘的基础上，改进创建五纵五横鱼鳞大石塘，在塘身后面开"备塘河"排水和防海水渗入农田。海盐段因地基较好，重型石塘比较成功，明代共修21次，其中大工5次，这一带已基本改为石塘。清康熙三年（1664年），海宁海塘溃决2300余丈。康熙三十六年（1697年）后，由于钱塘江出口由中小门改走北大门，北岸海宁灾情加重，开始大规模修筑石塘。康熙五十九年（1720年），浙江巡抚朱轼在明代海盐所筑鱼鳞石塘的启迪下，针对海宁地质、潮流特点，于老盐仓新建鱼鳞大石塘900余丈。该塘在雍正初年（1723年）经历风潮无恙，遂成为永久性石塘的标准塘式而被推广。乾隆时期（1736—1796年）就塘基处理、塘身结构和抗冲吸、防淘刷等方面对鱼鳞石塘再度改进、定型，北岸仁和乌龙庙至海宁尖山间海塘险工段均建成鱼鳞大石塘；而相对次险工段或工程抢修地段，则发明相对廉价、施工简易的丁由石塘。除此之外，清代还陆续建立了各类湖塘建筑和辅助配套设施，

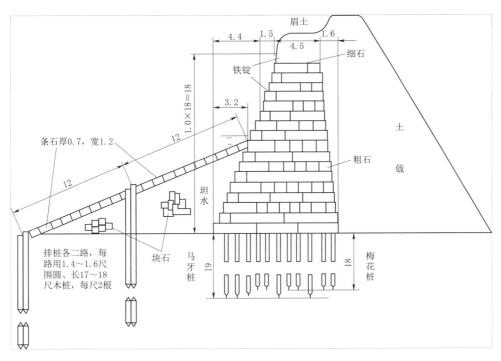

▲ 清代鱼鳞大石塘结构示意图（单位：尺）

最终形成由基础工程、主塘、备塘、岜塘（横塘）、备塘河及护塘工程共同组成的纵深防御体系，海塘工程发展完备。

清代规定，标准的鱼鳞大石塘形式，塘身砌石十八层，每层用厚一尺、宽一尺二寸、长约五尺的条石丁顺间砌，总高一丈八尺，顶宽四尺五寸，底宽一丈二尺，为重力式结构，临水面每层外收四寸、内收一寸。每丈共用石料约 17 米³，重约 47 吨以上。条石之间用糯米汁和油灰混合的黏结物灌缝，平面条石之间用铁锔、铁锭联结加固，立面条石之间用铁柱上下贯通加固。鱼鳞大石塘建在淤砂层软地基之上，基础处理尤为重要。塘基打入密集的梅花桩及马牙桩，上覆三合土，然后砌石。为更好地防护塘脚、抵御潮水冲刷，在第九层以下的塘身之外还要铺砌护坦，又称坦水，一般砌两道，每道宽一丈二尺，内高外低，上层为平砌条石，下层为铺砌块石。虽为重力结构，背水面一般仍附土保护，一般培至高一丈、宽二丈。

海塘工程的管理制度也非常完善，保障了工程修守有序、安全可靠。明嘉靖二十一年（1542年）黄光升首创按《千字文》分段编号，如海盐海塘2800丈，分为140个字号，每字号长20丈，并在海塘立石标记，设塘长专管。清康熙五十九年（1720年）于绍兴、杭州、嘉兴三府设"海防同知"一职，专管岁修及海塘维护。雍正三年（1725年），特设"海防兵备道"一职负责塘务，增加士兵，以利抢修。道光（1821—1850年）以后，海塘由杭嘉湖道统管，下设东防、西防和乍防（乍浦防守段）三个海防同知；防下共设七汛，分派千总、把总率马步兵防守。

◎ 第六节 长江险工荆江堤

荆江是长江中游在湖北省枝城市至湖南省岳阳市城陵矶这一段的别名。以藕池口为界，它被分为上荆江和下荆江两部分。荆江河段因泥沙淤积、河道分汊多而蜿蜒曲折，有"九曲回肠"之称。荆江两岸地势低洼，历代水患不断，特别是在荆江北岸，有富庶的江汉平原和武汉三镇、荆州等大中城市，一旦遭受洪灾，损失惨重。自古有"万里长江，险在荆江"之说。

荆江大堤指的正是荆江北岸的

▲ 荆江大堤

大堤，从湖北江陵县枣林岗起，至监利县城南止，全长 182.35 千米，堤身垂高 14～16 米。洪水期荆江的水位高出堤外地面 10 米以上，形势十分严峻。荆江大堤保护着 800 多万亩耕地和上千万人口，是捍卫江汉平原和武汉三镇、荆州等大中城市的屏障，是长江堤防中最重要、最险峻的堤段。历代政府对长江防洪关注的重点都是荆江大堤，历代人民则把荆江大堤称为"命堤"。

历史上荆江的河道较为宽敞，江中沙洲星罗棋布，岔流发育，河床比较稳定。特别是，河道的两岸有众多分流穴口，《水经注》记载的有 20 多处，元代林元所著《重开古穴碑记》称"古有九穴十三口"，"宋以前，诸穴畅通，故江患甚少"。元代初期，穴口已基本淤塞，荆江一带的水患就严重起来。元代重新开挖出六口，但元末又逐渐淤塞。明代前期重开江陵县的郝穴和石首县的调弦二口；明嘉靖年间，郝穴又被堵塞。至隆庆年间（1567—1572 年），荆江只剩向南分流的虎渡、调弦两口。清代，荆江多次发生大洪水，南岸又先后冲出多个分流穴口，至同治十二年（1873 年）形成藕池、松滋、太平（虎渡）、调弦四口向南分流的局面。

荆江大堤始建于东晋永和元年（345 年），由荆州刺史桓温命陈遵主持修筑，当时名"金堤"。五代后梁开平年间（907—911 年）在东晋金堤的下游修筑江陵寸金堤；北宋时荆州太守郑獬主持筑沙市堤；南宋又修黄潭堤，并加筑寸金堤。经两宋的扩建和培修，荆江大堤已初具雏形。明嘉靖二十一年（1542 年）荆江北岸的郝穴被堵塞，这样自堆金台至茅埠长 124 千米的堤段连成一体，史称"万城堤"，后来又称万城大堤。清代乾隆、道光年间，又延长寸金堤与沙市堤衔接起来。清乾隆五十三年（1788年）大水淹没江陵城后，改民堤为官堤。历史上大堤频遭溃决，仅明弘治十年（1497年）至清道光二十九年（1849年）即溃决34次。1918年，万城大堤改称为荆江大堤，上起堆金台，下至拖茅埠，长124千米。1951年将起点上延8.35千米至枣林岗，1954年汛后将终点下延50千米至监利城南。至此，荆江大堤始达现在的长度。中华人民共和国成立后，大堤屡次增修加固，成为长江防洪的最重要堤段之一。

荆江大堤虽在北宋中期即已基本形成，但两宋之交时遭受过极大破坏。南宋社会平静以后，开始大力恢复、加固此堤。陆游曾于乾道六年（1170年）夏秋之交路过荆江一带。他在《入蜀记》中说，荆江"堤防数坏，岁岁增修不止"。由于荆江大堤为历史时期分段修筑，大堤本身存在严重缺陷：堤基渗漏，堤身隐患多，迎流顶冲，崩岸剧烈。历史上，大堤溃决频繁。据史料记载，自东晋太元十七年（392年）至1937年大堤溃决97次，灾情十分严重，尤以1788年、1931年、1935年为惨重。荆江大堤历代培修，多系溃后修复，或临险采取应急措施。明清时期因溃决频繁，修筑次数较多，重点是决溢较为集中的万城、李家埠、沙市、黄潭、岳家嘴、郝穴和黄师等堤段。

荆江大堤地处险要，历代均有官员主持修防。明嘉靖四十五年（1566年）荆州知府赵贤主持大修后，制定了大堤专人管理的制度——"堤甲法"。清乾隆五十三年（1788年）大水后，朝廷颁布了《荆江堤防岁修条例》，明确大堤由荆州水利同知专管。1921年成立荆州万城堤工总局，大堤开始有了专管机构。

▲ 荆江大堤沙市段昔日著名的险段观音矶如今已成为安全美丽的景点

自1949年起，针对堤身隐患、堤基渗漏和堤身崩塌三大险情，多次进行荆江大堤整治加固。1949年冬，以1949年实际最高洪水位为设防标准进行加高培厚。1954年大水后，以1954年实际最高洪水位为设防标准进行整险培修。1969年后提高到按沙市水位45米为设防标准进行大堤加高加固。1974年后大堤加固工程正式纳入国家基本建设计划。荆江大堤历经五个阶段的大规模加固培修，至1997年，国家累计投资5.43亿元，共完成土方1.91亿米³，石方750万米³，清除隐患10万余处。堤身断面较中华人民共和国成立前扩大了1/3。全线堤身高10~12米，最大高度达16米。1998年特大洪水后，又按1级堤防的标准进行了全面的加高培厚、防渗加固。

三峡工程建成之前，荆江地区主要靠堤防和运用分蓄洪区防御10年一遇至40年一遇的洪水。三峡工程建成后，荆江河段防洪标准由不足10年一遇提高到100年一遇，可使江汉平原1500万人口和150万公顷耕地免受洪水威胁；即便发生1000年一遇的洪水，配合运用分蓄洪区，也可以保证荆江大堤安全。

◎ 第七节 新疆独特坎儿井

坎儿井是干旱半干旱地区人民在与大自然的斗争中创造出的一种古老的水利工程形式，是开发利用地下水的一种水平集水建筑物。坎儿井的优点在于不用提水工具，不耗费能源，就可把地下潜水变成地表水，同时可避免在酷热的气候条件下，水的大量蒸发和风沙侵袭。

坎儿井主要分布在中亚、中东、北非和我国新疆地区。它适用于坡度较大的山前坡积物及洪积扇、冲积扇的扇缘地带，主要用于截取地下潜水，进行农田灌溉和解决农村饮水。坎儿井由竖井、暗渠、明渠、涝坝（蓄水池）四部分组成。首先在山坡或稍有坡度的地带寻找水脉，打一口竖井，发现地下水后，利用地面坡度，根据实际地貌确定距离，打一连串的竖井，然后再将各竖井从底部连接起来，形成一条暗渠，即地下水道。竖井的深度以及井与井之间的距离，一般都是愈向上游，竖井愈深，间距愈长；愈往下游，竖井愈浅，间距也愈短。在暗渠出水口（龙口）以下，一般都有几十米到几百米的明渠，明渠末端有涝坝（蓄水池）。池中的水通过水渠直接引入农田，进行灌溉。每道坎儿井，短者 3 ~ 5 里，长者 10 ~ 20 里，其水量大者，每日可灌溉 50 ~ 60 亩，水量小者，每日可灌溉 20 ~ 30 亩，堪称是戈壁沙漠的生命

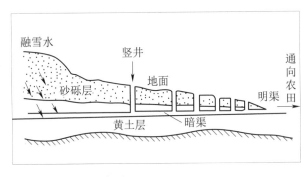

▲ 坎儿井工程示意图

之泉。竖井的作用是便于了解水位,确定暗渠位置;便于挖掘和维修暗渠时提取泥土及通风。暗渠的作用是将地下水引到明渠。涝坝不仅提供灌溉用水,提高水温,便于农作物生长,而且可以加大水的流量,减少渠道中的渗漏。

坎儿井具有悠久的历史,一说导源于西汉的关中井渠,向西传播;另一说导源于波斯的卡斯井(Karez),向东传播。据《新疆图志》记载,17—18世纪,疏附、英吉萨尔、皮山、叶城、吉木萨尔、玛纳斯、乌苏等地都有了坎儿井。当时吐鲁番有28道,鄯善有45道,叶城有51道。张骞通使西域时,就对新疆的坎儿井赞叹不已。

几百年来,我国新疆地区的坎儿井几经兴衰。第一次较大规模的发展是在林则徐被谪新疆时期。清道光二十二年(1842年),林则徐被谪新疆。他看到新疆气候干旱,严重缺水,农业生产和老百姓生活受到很大制约,便鼓励兴修水利。在他的倡导和影响下,新疆地方政府采取了一些发展水利的措施。道光二十五年正月,林则徐奉命到南疆八城勘察垦务。他由伊犁出发,途经吐鲁番县城一带时,亲眼看到了坎儿井的效用。在勘察垦务过程中,又对坎儿井的结构和功能有了进一步的了解,觉得坎儿井是促进新疆农业生产发展的一种很具潜力的水利工程措施,应大力提倡和推广。因此,新疆坎儿井在这一时期获得较快的发展。特别是托克逊往西40里的伊拉里克地区,发展很快,共凿井60余处。这一时期吐鲁番坎儿井不但数量大大增加,总数达到100处左右,而且分布范围也扩大了,由吐鲁番县城一带发展到了伊拉里克、雅尔湖一带。1865年,阿古柏入侵新疆后，由于战乱，许多坎儿井淤塞破坏，水量锐减，坎儿井的数量有所减少。

新疆坎儿井第二次较大规模和有计划地发展，是在清光绪六年（1880年）左宗棠率兵平定阿古柏叛乱后。为尽快恢复生产，发展经济，安定人心，新疆地方政府开始发动农民整治坎儿井，兴修水利。"于吐鲁番所属渠工之外，更开凿坎儿井一百八十五座"（《左文襄全集奏稿》卷五十六）。这一时期坎儿井数量和引水量都增加了不少，但开凿范围还只限于吐鲁番盆地，西到托克逊的伊拉里克，东至辟展（今鄯善）。20世纪以后，才逐步发展到吐鲁番盆地以外地区。

清末民初，社会动荡不安，民不聊生，坎儿井的发展又走入低谷。1915年后，坎儿井的数量开始逐渐增多，但发展速度依然很慢。中华人民共和国成立后，国家发动人民群众大兴水利，新疆各族人民也掀起了水利建设的高潮。新疆坎儿井迎来第三个发展高峰期。20世纪50年代中期，吐鲁番坎儿井数量及引水量创历史最高纪录，其引水量约占吐鲁番总引水量的2/3，年引水量约为3.67亿米^3。

新疆坎儿井是我国人民的杰出创造。它的产生和发展，对新疆特

▲ 新疆坎儿井暗渠

别是吐鲁番、哈密一带的农业生产、经济发展和社
会稳定发挥了巨大作用。在相当长的时期内，坎儿
井曾是吐哈盆地农田灌溉和人民日常生活的主要水
源。遍布盆地农区的坎儿井，积聚着股股地下潜流，
滋润着炎热干旱的大地，培育了璀璨晶莹的绿洲文
化。从一定意义上讲，没有坎儿井，就没有边疆的
稳定，没有吐哈盆地农业生产的发展和各项事业的
进步。直到今天，它仍然还发挥着重要作用。

◎ 第八节 水利造就北京城

　　大运河北京段，是没有天然河流为水源的运河。
元代科学家郭守敬引泉水入瓮山泊（今颐和园昆明
湖），并开长河及紫竹院湖、积水潭、北海、中海、
南海等水柜，形成了具有蓄水和水量调度功能的水
库及其供水水道，为北京段运河提供了稳定水源。
昆明湖等人工湖在明清时期成为皇家园囿，由运河
供水工程形成的北京城市河湖水系，对元代至清代
600 年间北京城市发展具有重要的影响。

　　北京位于永定河与潮白河冲积平原上，境内没
有天然水源供给运河，唯一可行的只有远距离调水。
金建中都在今北京时，开始谋划运河建设。金代首
先利用的高梁河东支水道，是记载中北京到通州最
早的运河。在今北京西南石景山口引永定河水下入
金口河，东南经三里河东行入漕河。永定河是高含
沙的浑水河流，洪枯水量变幅极大。金大定五年

（1165年）曾组织疏浚治理漕渠，因坡度陡，河水易泄，漕运不通畅。金大定十二年开凿金口河引永定河水通漕运，也是利用高粱河旧道。自麻峪引水，过金口入中都北城濠，东至通州城北入潞水（今北运河）。经考证，"金口"即今石景山发电厂院内的"地形缺口"，当时已设置闸门。可惜因河水含沙量太大，渠道坡度过陡，无法行船而失败。金代开凿运河工程一直没有停止。金泰和五年（1205年），朝廷采纳韩玉建议，修建闸河以通漕运，利用金口河东段河道，并在河道上建闸节水，水源改用白莲潭清水，正式名称是"通济河"。但没有使用多久，因迁都而废弃。元至元三年（1266年），在郭守敬倡导下，又复开金口河，妥善处理了引水与防洪的矛盾，"运西山木石"建大都城。此河使用近30年，后堵塞。

元中统年间（1260—1264年），郭守敬向世祖忽必烈奏报水利六事。其中有两事涉及大都水运：其一，开河渠引玉泉水，东至通州；其二，疏浚通州以南的白河、御河，恢复通州至临清的水运。元至元十六年（1279年）修建坝河，在河道上筑7座拦河坝，运行时漕船不过坝，只将粮食背运过坝，倒到坝前的船上，实行分段运输。从文献记载的坝夫、船户数字看，漕运规模很大，最大漕运量达每年110万石。元大都至通州的北线运河，一直使用到元朝灭亡。元以后再没有恢复，其遗迹坝河至今犹在，成为北京城的重要排水干渠。

至元二十八年（1291年），太史令郭守敬抵上都，再陈水利事，对运河水源的引取、水量调蓄、运河节水等提出了全面规划。至元二十九年（1292年），时为都水监的郭守敬主持通惠河施工，规划得以全部实施。通惠河及其水源工程的市政功能、环境功能后来日益显现，由运河的水源工程衍生为北京城市河段湖水系，今天仍在发挥重要作用。

自三国时期魏嘉平二年（250年）在永定河上建戾陵堰至元代，相继引水近千年，永定河成为北京的重要水源，

▲ 元通惠河行径路线图

供应城市和周围农业用水。金中都以城西北的莲花池为主要水源，以高梁河为辅。元代在中都东北郊新建大都城，改以玉泉山的"玉泉"、高梁河为主要水源，宫廷用水专门由金水河供给。为发展漕运，元至元二十九年（1292年）由郭守敬主持，将温榆河上游白浮泉等十大泉水，通过新修建的白浮瓮山河，输送到调节水库瓮山泊。瓮山泊以下经长河引入积水潭，辟为运河码头，成为京杭运河终到泊船港，并供城市园林等部门用水。元末明初几十年没有治理，白浮瓮山河湮废。明代以后，北京只剩玉泉山一处水源。到清代，曾引香山等地的泉水以补充。北京园林供水，包括大型皇家园林和达官贵人的私人园林的供水，自金中都建成起，就受到重视。元代瓮山泊已成为重要风景区，明代建园静寺。清代扩建湖区，并改名为昆明湖；建清漪园，后改为颐和园；同时修建一系列闸涵渠道，为西郊圆明园、长春园、万春园等园林供水。由于这些园林的建设，北京成为环境优美的古都。

◎ 第九节 建石闸三江功能

　　三江闸建成于明嘉靖十六年（1537年），位于浙江省绍兴市北部西小江、曹娥江、钱塘江交汇的三江口，是我国最大的砌石结构多孔水闸，也是我国古代拒咸蓄淡的代表性水利工程之一。三江闸在浦阳江改道、钱清堰废弃之后，在关键位置发挥挡潮、蓄淡、排涝功能，实现了对萧绍平原水网的控制，并且取代钱清堰成为16世纪之后浙东运河的关键控制工程。

　　萧绍平原靠山面海，东西狭长且地形起伏不大，南高北低，水系发达，自然水系大都是南北流向的山区型河流，平原区河段接近海平面受潮水涨落影响非常大。浦阳江北行期间是萧绍平原最大的自然水系，几乎全部水系都最终汇入西小江至三江口入海。萧绍运河自萧山西兴至上虞曹娥堰，东西沟通钱塘江和曹娥江，横贯萧绍平原，与各自然河流平交，是区域水网的东西骨干水道。

　　浦阳江的改道，造成萧绍平原水利格局大变，促成了三江闸的修建。15世纪以前，浦阳江主流由西小江至三江口入海，此后不断在自然与人工的双重影响下逐渐在碛堰分流西行，

▲ 明清时期萧绍平原水系及控制工程示意图

124

最终改道西入钱塘江（杭州湾上游）。浦阳江的改道，一定程度上减轻了萧绍平原的洪水灾害，但却产生了更大的不利影响。西小江由原来的受径流规律控制为主变为完全受三江口潮汐规律控制，因此造成萧绍平原严重的蓄泄矛盾。西小江虽然不再是浦阳江洪水经行通道，但仍是萧绍平原排涝的主要水道，也有灌溉供水的要求。西小江作为排水干道，由于河床淤塞及海潮涨落的干扰，没有关键工程的控制，区域涝水很难顺利排泄；同时由于缺少径流抵冲，咸水内灌甚至能到达绍兴城，造成淡水供给不足和农田盐渍，萧绍平原水环境严重恶化。

为此，15世纪以前萧绍平原北部海塘和西小江及其两侧支流上修建了许多闸来控制，虽取得一些效益，但由于没有关键节点的大型枢纽工程，平原的水旱问题并未解决。

明嘉靖十四年（1535年），汤绍恩任绍兴知府。他在勘察绍兴水利后，根据萧绍平原地形形势及水系特点，认为在三江口建闸可以控制内水与外海联系的咽喉，总揽萧绍水利全局。于是勘察地质，"相地形于浮山南，三江之城（绍兴）西北，见东西有交牙状，度其下必有石骨。令工掘地数尺余，果见石

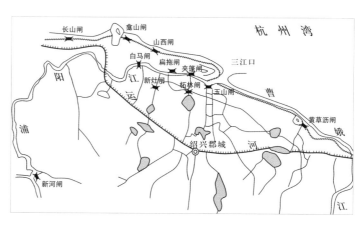

▲ 三江闸修建之前萧绍平原工程布局示意图

如甬道，横亘数十丈"，❶ 在此处选定闸址。嘉靖十五年七月动工，次年三月建成，闸共 28 孔，全长 100 多米，各孔自东南向西北依次以"角"至"轸"命名，"以应天之经宿"，因此又称为"应宿闸"。其工程取材、构造设计、地基处理及结构施工都非常科学："命石工伐石于大山、洋山，以巨石牝牡相衔，胶以灰秫。其底措石，凿榫于活石上，相与维系，灌以生铁，铺以阔厚石板。诸洞皆极平正，惟参洞外板下有一活石。间有几洞底两旁无石板者，其叠石为坊，不过八九层；亦有几洞十余层者，则患洞也。每隔五洞置一大梭墩，惟近要关止隔三洞，因填二洞之故。其近闸磬折参伍之，使水循崖以行，而飞湍奔驶之势始杀。"❷

三江闸建成之后，汤绍恩又将明成化十二年（1475 年）戴琥在绍兴府佑圣观前府河设立的"山会水则"碑移置闸下，为三江闸启闭运行提供定量参考。同时又修建一系列配套工程，以全面整合萧绍水系，使三江闸的效益能更好发挥，如接筑海塘、重开碛堰、建蒿坝清水闸、修鉴湖堤等。当时鉴湖虽然早已废弃，但鉴湖大堤仍然存在，堤上"十一堰、五闸，然今堰闸或通或塞，或为桥"，不仅陆路不便、堤防不能坚固，临堤的运河水量也无法得到控制，汤绍恩将其"改筑水浒，东西横亘百余里，遂为通衢"。❸

---

❶ 引自：[清] 程鸣九 . 三江闸务全书（上卷），中国水科院藏咸丰刻本，4 页。
❷ 引自：[清] 程鸣九 . 三江闸务全书（上卷），中国水科院藏咸丰刻本，5 页。
❸ 引自：[明] 萧良幹 . [万历] 绍兴府志 . 四库全书存目丛书，史部（200-201）. 地理卷 [M]. 济南：齐鲁书社，1996：495。

　　三江闸自明嘉靖十六年（1537 年）建成之后，历经数次大修，但主体结构至今均未改变。明万历十二年（1584 年）时任知府萧良幹主持第一次大修时，改进戴琥"山会水则"，创立"三江水则"。新水则自上而下依次为"金、木、水、火、土"五字，萧良幹以此为标准，制定三江闸运行及工程管理制度。又"仍建则水碑于府治东佑圣观前，上下相同，观此而知彼"。❶此后大修都未改变汤绍恩定下的工程结构型式及萧良幹的则水碑与管理制度。

　　则水碑为三江闸运行提供定量标准。萧良幹的则水碑有两块：一块位于"闸内平澜处"，建在近岸的基岩上，既利于基准点稳定，又不受闸孔水动力学显著影响，能够准确反映内河水系客观的水位；另一块位于绍兴府城东佑圣观前的运河上，也就是戴琥所立"山会水则"的位置，为三江闸调节内陆运河及城河的水位提供定量参考。

　　三江闸在则水碑对水位进行定量监测的基础上，通过对三江口水位的控制来实现对内河水网水量的调节。萧良幹以则水碑为依据制定启闭制度："如水至金字脚，各洞尽开；至木字脚，开十六洞；至水字脚，开八洞。夏至火字头筑；秋至土字头筑。闸夫照则启闭，不许稽迟时刻。"❷又规定："开时闸官严督闸夫，彻起底板，仍稽其数，不许留余以致壅

---

❶❷ 引自：［清］程鸣九．三江闸务全书（上卷），中国水科院藏咸丰刻本，19 页。

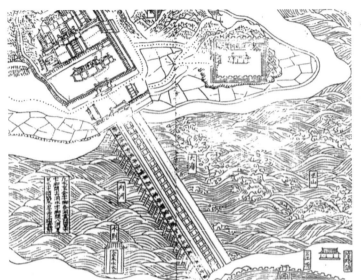

▲ 三江闸工程布置示意图
及则水碑功能说明

塞。筑时每洞约用荡 卯一百余斤，以塞罅隙，取闸外沙泥填筑，务要高实顶盖，毫无渗漏，使内河淡水不出，以蓄水利，外海咸潮不入，以弭潮患。盖春夏秋三时，农工所系，水必惜蓄。至秋收后，因无所需用，使尔筑不坚密，致内河漏涸，往来船只雇撑起脚，害亦不小。故开时务到底，筑时务稠密，始为有利无害万全之计。违者扣工食外仍加究治。"❶ 运行管理制度非常严格。挡潮排涝是三江闸的重要功能，也是萧绍平原蓄泄矛盾的集中体现。大泛排涝时，需根据潮势变化来实时操作闸门的启闭。潮涨之前先开闸泄水，在潮涨至与内河水位相平的一刻，将闸门全部关闭，直至潮水位落下之后再次开闸泄水，以保障涝水有效排泄，不做无用功。清代《预开水则示》中对此有明确叙述："惟有于开闸时，如遇大泛，潮水未到一刻之先，将闸板用绳连系，一律悬挂闸槽。视察水势外高内底（低），陆续赶紧堵御，免遭潮水内灌。守至水势稍平，将闸全启，以冀畅流。如此办理。"❷

❶ 引自：［清］程鸣九．三江闸务全书（上卷），中国水科院藏咸丰刻本，19页。
❷ 引自：［清］平衡．三江闸务全书续刻，中国水科院藏咸丰刻本，49页。

　　三江闸是在浦阳江改道、钱清堰废弃，萧绍平原水环境恶化的背景下，为解决海潮影响下萧绍平原突出的水利蓄泄矛盾而兴建。三江闸建成之后，将萧绍平原水系重新整合，形成以西小江和浙东运河为骨干的统一水网，通过则水碑对水位实行定量控制，从而实现对整个区域水量蓄泄的定量控制，作为区域关键枢纽工程，三江闸综合发挥挡潮、排涝、蓄水、航运等功能。三江闸的建成，改变了钱清堰废弃之后浙东运河受潮汐涨落自然规律控制的状况，使水运功能所需的水位水量重新得到工程控制，因此是继钱清堰之后浙东运河的控制工程，在浙东运河工程体系中具有不可替代的关键地位。

　　由于明末清初钱塘江出水主槽北迁，杭州湾南岸逐渐淤涨，三江闸距海越来越远，闸内外河道的淤积随之越来越严重。清康熙年间不得不频繁疏浚闸口内外河道，然而屡浚屡淤，人力只能发挥临时性的有限作用。大约清康熙十年（1671年）之后，三江口逐渐淤涨成滩，闸功能从此逐渐衰落，但仍一直发挥作用。直到1981年，其历史使命被新三江闸所取代。1963年，三江闸被公布为浙江省文物保护单位。

▲ 1963年，三江闸成为浙江省文物保护单位

◎ 第十节 灌溉工程继扩张

　　元明清时期特别是明中期之后，我国人口快速增加，对粮食的需求也越来越大。这一时期，灌溉农业的发展进一步扩张，历代在修复已有工程、提升原有灌区灌溉效益的基础上，向沿海、滨湖、滨河滩区、山丘区等农田水利条件并非特别优越的区域进一步拓展，这一发展过程伴随着海塘、圩垸等区域环境调节工程的完善和稳固。

　　长江中游平原和珠江三角洲水利兴起及江浙海塘防洪体系的形成，为两湖地区垸田的快速发展、珠三角基围农业的拓展和两浙地区沿海农田水利的扩张创造了条件。随着人口增加，到清末垦殖范围已经遍布长城内外、大江南北，对土地和粮食的渴求，使得在地形或水资源条件不够好的地区，小型农田水利工程如堰塘、井灌等得到广泛运用，山区的梯田、洼地的垛田、旱区的坎儿井和砂田，甚至湖面的葑田等特殊的灌溉农业形式都在这一时期有了显著发展。

　　洞庭湖流域属于两湖地区，垸田是湖滨区域的一种"圩田"形式，其工程体系与珠江三角洲基围、太湖地区和长江下游的圩田都

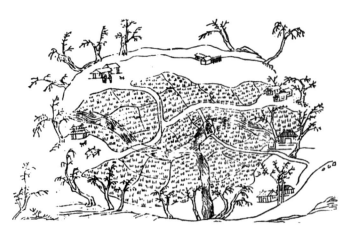

▲ 圩田示意图（引自：清《钦定授时通考》）

类似。明正统年间（1436—1449年）华容县有垸田48所，至明末已发展到100多所；大垸纵横十多里，小垸在百亩上下。珠江三角洲圩垸称作堤围（又称基围），始建于唐宋时期，至明代，围田不仅遍及西江、北江、东江三江及其支流两岸平原，还向滨海地区推进。清代，沿海地区的围田较前代成倍增长，当时还出现人工打坝种苇、促进海滩淤涨的涂田。其中南海县（今广州市）始于北宋末年的桑园围，至此发展到15万亩。随着滨江滨湖地区垸田和围田的发展，人口密度也快速增加，再推动兴建更多的圩垸，人水矛盾在这些地区日益尖锐。清中期以后，洪涝灾害记录也显著增加。

在北方海河流域，畿辅地区的灌溉农业也得到大力发展。元明清三代建都北京，而当时的经济重心在南方，中央政府一方面精心经营运河保障漕运，另一方面则积极开拓北方的水田。元代就开始着力发展海河流域农田水利，以图改变依赖漕运南粮北调的负担。明代万历年间（1573—1620年），海河下游淀泊区开始发展稻作农业，水田灌溉工程体系开始建设。清雍正年间（1723—1735年），在保定、固安、雄县一带大范围开垦水田；后也因财力及水源不足等原因，未获明显效果。清中后期，北京、天津水稻田发展较快，分散的小规模灌溉工程体系为北方水稻新种植区提供了有效的水源保障。

西北及边疆地区，以屯田为动力的灌溉农业发展再次达到一个高潮。清乾隆年间（1736—1795年），为加强西北防务，大兴屯田。嘉庆七年（1802年），在惠远城（今新疆伊宁市西）伊犁河北岸开渠，引水灌田数万亩。此后，农田灌溉渠系在今哈密、吐鲁番、乌苏、伊宁、阿克苏、库车、轮台、焉耆、于田、和田、莎车、喀什等地都有兴修。吐鲁番盆地一带特有的坎儿井工程在清后期有很大发展。道光二十五年（1845年）林则徐被遣戍新疆时，曾主持兴建或修复吐鲁番、哈密一带坎儿井近百条。光绪初，左宗棠在吐鲁番地区又增开坎儿井185条。至此，新疆坎儿井总量达到1000余条，是历史上最多的时期。元明清时期，西北引黄灌溉有大发展，很长一段时间宁夏平原引黄灌区都是北方地区最大的粮食产区；甘肃河西走廊也不断出现新的水利建设高潮。在清末，以民间力量推动发展的内蒙古河套灌区也快速发展。

▲ 宁夏引黄古灌区于2017年被列入世界灌溉工程遗产名录

第六章

近代水利的转型

鸦片战争后，中国逐渐沦为半殖民地半封建社会，内忧外患，水利事业不仅未能与世界水利同步发展，亦未能延续古代水利的辉煌。加之江河剧变，重大水旱灾害频发，水利发展形势非常严峻。不过，这一时期海禁渐开，西方先进的水利科技传入中国，传统水利出现较多变革，因而，这一时期成为传统水利走向现代水利的重大转变时期。在这一社会背景下，统治阶层中的有识之士和社会上一批拥有爱国情怀的知识分子努力探索，推进水利事业不断发展，取得了一定成就。

大体来看，我国近代的水利建设，经历了三个时期：一是鸦片战争至清末。这一时期，太平天国农民起义失败后，清朝统治者暂时度过了被推翻的危机，清朝少数上层人士面对江河剧变和不断加剧的水旱灾害，开始关注江河治理，着手开展各种调查测量。二是民国肇始到20世纪20年代。在第一次世界大战结束之前，我国民族经济略有发展之际，从孙中山的《建国方略》到张謇等人的导淮倡议，推进了江河治理的探索和研究。三是20世纪20年代末至1949年，以李仪祉为代表的留学西方归国的知识分子，应用西方科学技术，对江河治理、灌溉、航运、水力发电以及水利科技等进行了诸多探索，将水利建设推向一个新阶段。

▲ 《建国方略》书影

总结起来，这一时期水利建设的主要成就如下。

（1）引进了西方科学技术，设置气象水文站点，进行江河、港口测量，应用近代科学技术分析江河演变规律和水工技术。

（2）开展了江河治理方略的探讨，对主要江河提出了轮廓规划。至抗日战争前夕，淮河、海河、黄河、长江、珠江等大江大河都有了比较全面的治理规划和重点工程查勘研究，这是江河治理的一大进步。

（3）按照近代科学技术要求培养了水利建设人才。在张謇的倡议和努力下，1915年中国第一所水利高等学校"南京河海工程专门学校"（今河海大学）成立，开始用近代科学技术培养水利人才，李仪祉等一批先辈发挥了重要作用。此后，北洋大学、清华大学、国立中央大学等先后设立土木工程系水利组或水利系，使水利人才队伍逐步壮大。

（4）随着沿海城市被迫对外开放，出于商业贸易的需要，港口、航道、江河治理的要求日益迫切，清末民初外国殖民者与我国民间组织合作，对局部河段进行了整治，如天津海河和上海黄浦江的治理，收到了一定效果。20世纪30年代，我国采用近代水利技术自行设计、自行施工，修建了一批水利工程，发挥了一定作用。1932年建成的泾惠渠灌区，是我国第一座应用近代技术建设的大型灌溉工程，灌溉面积约60万亩。其他还有华北海河水系的治理、江苏省北部滨海地区的开垦和淮河下游及大运河整治，都采用了近代水利技术修建钢筋混凝土的涵洞、水闸和船闸等。

◎ 第一节 先驱宏图点江山

孙中山（1866—1925年），名文，号日新，又号逸仙，广东中山人。孙中山先生是我国近代伟大的民主革命家，中华民国和中国国民党的缔造者，三民主义的倡导者。他毕生致力于谋求民族独立、民权自由和民生幸福，特别重视研究和筹划中国的实业建设。他于1919年完成的《实业计划》一书，就是他有关经济发展和经济建设思想的集中表现，后编为《建国方略之二——实业计划（物质建设）》。该书多处论及水利建设，勾画了水利发展的宏伟蓝图。其中包括：第一计划第四部分的"开浚运河，以联络中国北部、中部通渠及北方大港"；第二计划的第二部分"整治扬子江水路及河岸"，第四部分"改良扬子江之现存水路及运河"；第三计划第二部分的"改良广州水路系统"。内容涉及长江、黄河、淮河、珠江等各大江河的开发治理。

一、关于长江的治理与开发

孙中山先生对长江流域的防洪、航运、水力发电等方面进行了深入的研讨。他认为"凡改良河道以利航行，必由其河口发端"，"吾人欲治扬子江，当先察扬子江口"，把长江入海口治理作为首要任务。他设想修筑海堤或石坝，束水挟沙入海，"以潮长、潮退之动力与反动力，遂使河口常无淤积"。对于长江入海口自然形成的三股水道，他认为应当统筹全局，堵闭南北两水道，而"采中水道以为河口，则于治河与筑港，两得其便"。❶他计划对万里长江进行渠化整治，使其航运条件得到较大改善。他认为，"此计划比之苏彝士（今称苏伊士）、巴拿马两河，更可获利"❷。

孙中山先生还特别关注长江流域水力资源的开发利用。他认为长江上游干支流上都蕴藏着丰富的水力资源，"像扬子江上游夔峡的水力，更是很大"❸。当时有人对宜昌到万县(今万州区)之间的水力资源进行过考察，提出这里可以发电 3000 余万匹马力（约 2100 万千瓦）。对此，孙中山先生大受鼓舞。认为这么多的电力，比当时世界各国所发的电都要多得多，如果开发出来，"不但是可以供给全国火车、电车和各种工厂之用，并且可用来制造大宗的肥料"❹。他还由此推想开来：如果能够充分开发利用长江和黄河的水力资源，"大约可以发生一万万匹马力……拿这么多的电力，来替我们做工，那便有很大的生产，中国一定是可以变贫为富的"❺。他在《实业计划》中第一次正式提出在三峡建坝："自宜昌而上，入峡行，约一百英里而达四川之低地……改良此上

▲ 孙中山论长江水力资源开发的书影

---

❶ 引自：孙中山．建国方略，见《中国水利史典（综合卷三）》．北京：中国水利水电出版社，2015：21-22。

❷ 引自：孙中山．建国方略，见《中国水利史典（综合卷三）》．北京：中国水利水电出版社，2015：29。

❸❹❺ 引自：孙中山．孙中山选集（下卷）[M]．北京：人民出版社，1956：813-814。

▲ 孙中山论黄河治理开发的书影

游一段。当以水闸堰其水，使舟得溯流以行，而又可资其水力。"[1]孙中山先生率先提出了兴建三峡电站的计划，并把它作为实现国家富强的重大战略举措，是有超人的远见卓识的。

二、关于黄河的治理与开发

孙中山先生在《实业计划》第四部分中首先阐述了对黄河及其支流的治理和开发。黄河是中华民族的母亲河，黄河流域是中华文明的发祥地；但同时也是一条高含沙量的河流，历史上灾害频发。对此，孙中山开宗明义阐释了治黄的重要意义。他认为，防止黄河水害"为全国至重大之一事"。"黄河之水，实中国数千年愁苦之所寄。水决堤溃，数百万生灵、数十万万财货，为之破弃净尽。旷古以来，中国政治家靡不引为深患者。"但治理黄河所需费用极其浩大，"以获利计，亦难动人"。对此，孙中山先生认为，更应谋求根本治理之策，"以故一劳永逸之策，不可不立，用费虽巨，亦何所惜，此全国人民应有之担负也"[2]。在治黄措施上，他提出五方面的主张：第一，河口治理。应重视黄河河口的清淤疏浚，保持下游河道通畅，

---

❶ 引自：孙中山．建国方略，见《中国水利史典（综合卷三）》．北京：中国水利水电出版社，2015：36-37。

❷ 引自：孙中山．建国方略，见《中国水利史典（综合卷三）》．北京：中国水利水电出版社，2015：16。

使泥沙顺利入海。"黄河出口，应事浚泄，以畅其流，俾能驱淤积以出洋海。以此目的故，当筑长堤，远出深海，如美国密西悉比（今称密西西比）河口然"❶。第二，多方举措，防治黄河洪水，综合开发利用。孙中山先生主张"黄河筑堤，浚水路，以免洪水"❷。至于堤防的设计，他的设想是修筑两条平行的河堤，既可防御黄河泥沙的淤积，又有利于航运。同时，在黄河干流适当地方，建设若干拦河大坝，"加以堰闸之功用"，不仅可以发挥航运的功能，而且"水力工业，亦可发展"❸。第三，提倡黄河水土保持。孙中山先生认为，加强黄河下游防洪，使黄河不致决溢为害，只是治黄的一部分，要彻底根治黄河水患，还要开展水土保持工作。他说："浚泄河口，整理堤防，建筑石坝，仅防灾工事之半而已；他半工事，则植林于全河流域倾斜之地，以防河流之漂卸土壤是也。"❹第四，发展黄河航运。孙中山先生把发展黄河航运放在优先地位，强调航运是治黄的重要目的之一，干支流均应如此。此外，他还计划在黄河口兴建黄河港口，为重要三等海港。港口位于黄河河口北直隶湾（渤海湾）南边，离计划中的北方大港80英里（约128千米）。借助内河航运，沟通山东、河南、直隶（今河北省）之广大部分。第五，孙中山强调干支流并治："渭河、汾河亦可以同一

---

❶❸❹ 引自：孙中山.建国方略，见《中国水利史典（综合卷三）》.北京：中国水利水电出版社，2015：16。
❷ 引自：孙中山.建国方略，见《中国水利史典（综合卷三）》.北京：中国水利水电出版社，2015：11。

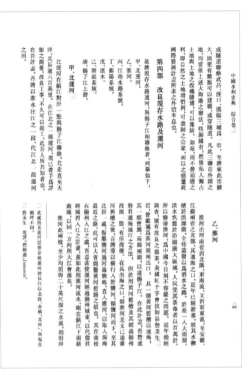

或隧道聯絡武昌、漢口、漢陽三城焉。至將來此市镇大，則更有數點可以建橋、或穿隧道，凡此三聯市外圈之土地與土地之授機能補，可以歸國有。如是，即不勞而致之地與土地之授機能補，可以歸國有。如是，即不勞而致之國際發展計畫所求之外債本息也。利，即自然之土地增價私公家，而以之償還此

第四部 改良現存水路運河及運河

慕務現存水路運河，與揚子江相聯絡者，列舉如下：

甲、北運河在顏江對岸，一點與揚子江聯絡，北走直至天津，其長逾六百英里。在江北之一部運河，現已着手許

乙、淮河；

丙、江南水路系統；

丁、鄱陽系統；

戊、漢水；

己、洞庭系統；

庚、揚子江上游。

中國水利史典 (綜合卷三)

乙. 淮河

淮河出河南省西北隅，束南流，又折而東流，至安徽江蘇兩省之北部，其通海之口，近年已經淤塞，故其水勢橫於江蘇境外。全恃盛漲，人民受其茶毒者以一人大用，洪水氾濫於沿岸江蘇人口，一切傳染病。近年幾個洪水氾濫於廣大區域，人民受其茶毒者以一人大用，所以修濬淮河，爲中國今日刻不容緩之問題。

美國紅十字會技師長詹美生，在此計畫，吾贊成君。曾載美生之提案，以述爲揚子江，其事實價廉，高郵湖開之運河兩出之。一循舊河到長詹美生。詹君通海之方法，在出海之口，即運河而北支已達過河邊狹地，直入灌河，以取入深海之路，此北折一處，復離運河。曾庇華盛頓河邊狹地，直入灌河，以取入深海之最近之可以大省開鑿黃河舊路之煩也。其在南支在揚州入江之處，吾意當使運河經過揚州城東，以代詹君經城西入江之計，曲線，以同一方向與大江會流。剛在這新照應西入江之計畫，蓋如此則淮河流水，刻在這新照曲線，以同一方向與大江會流。剛在這新淮河武障枝，至少均須得二十英尺深之水流，則沿岸

〔一〕此處的北尼河指碧尼至通州間的白河，因現在在吾計畫，吾滿不足。

〔二〕觀所「詹弗森」Jefferson。

二四

▲ 孙中山论淮河治理开发的书影

方法处理之。使于山、陕两省中，为可航之河道。诚能如是，则甘肃与山、陕两省，当能循水道与所计划直隶湾中之商港联络，而前此偏僻三省之矿材物产，均得廉价之运输矣。"**❶**

三、关于淮河的治理与开发

淮河历史上是一条多灾多难的河流，由于长期受黄河夺淮的影响，尾闾不畅，灾害频繁。孙中山先生做了大量调查研究之后，研究了各种导淮方案，在《实业计划》中，他提出了"修浚淮河，为中国今日刻不容缓之问题"。他肯定了江海分疏的原则，赞成美国红十字会技师长詹美生的导淮提议。对于淮河入海路线，他指出："在其出海之口，即淮河北支已达黄河旧槽之后，吾将导以横行入于盐河，循盐河而下，至其北折一处，复离盐河，过河边狭地，直入灌河，以取入深海最近之路，此可以大省开凿黄河旧路之烦也。其在南支在扬州入江之处，吾意当使运河经过扬州城东，以代詹君经城西入江之计划。"**❷**从而使淮河水流在镇江下面的新曲线，以同一方向与大江会流。此外，他主张将治淮与发展航运联系起来，统筹治理。他主张淮河

---

❶ 引自：孙中山.建国方略，见《中国水利史典 (综合卷三)》.北京：中国水利水电出版社，2015：16。

❷ 引自：孙中山.建国方略，见《中国水利史典 (综合卷三)》.北京：中国水利水电出版社，2015：34。

南北两支，至少要有20英尺（约6米）深的水流，使沿岸商船自北赴长江各地，以免绕道经由长江口进入，可节省航程300英里（约480千米），又可供洪泽湖与淮河的洪水畅泄。

四、关于珠江和松花江辽河的治理与开发

孙中山先生对珠江、辽河等江河的治理开发和各地的水利事业发展也进行了论述。他认为，中国南部最重要的水路系统为广州水路系统，并分别对广州河汊、西江、北江、东江的水路系统进行了论述。对于松花江和辽河，他指出可以在辽河、松花江之间开凿一条新的运河。他还指出，在内蒙古、新疆等地，大力发展灌溉面积，促进农业生产。

孙中山先生论述的各项水利发展事业，受社会和历史的局限，在当时难以实现，但他所描绘的水利发展的宏伟蓝图，很多具有独特的见解，给世人诸多启迪。中华人民共和国成立以后，中国共产党领导全国人民大力发展水利事业，孙中山先生生前的理想绝大部分变成现实，许多方面已经远远超过了他的设想。

▲ 孙中山论改良广州水路系统的书影

143

◎ 第二节 世纪沧桑话导淮

淮河古称淮水，与长江、黄河和济水并称"四渎"。历史上的淮河是一条独流入海的河流。1128—1855 年，黄河夺淮长达 700 余年，使淮河干支流普遍受淤，破坏了淮河水系正常的蓄泄功能，造成尾闾不畅，淮河流域洪、涝、旱等灾害频发。1855 年，黄河虽然北徙，但淮河水系已经混乱，出海无路，入江不畅，洪涝旱碱交相侵袭，淮河成了一条闻名于世的害河。近代，淮河治理成为我国一大社会问题，导淮也成为江河治理的焦点。政府和一些有识之士先后提出了一系列的"复淮""导淮"主张和计划。

"导淮"一词最早出于《尚书·禹贡》。及至明万历二十四年（1596 年），总理河道（简称总河）的杨一魁为保护明祖陵和漕运安全，提出了"分黄导淮"的主张。清康熙三十五年（1696 年），总河董安国也曾提出"导淮注江"的意见，但未被采纳。咸丰五年（1855 年）黄河改道北徙后，"导淮"再次被提到议事日程。同治五年（1866 年），丁显、裴荫森等首先提出复淮故道的主张，"导淮"一词自此有了现实的具体含义，为以后长期沿用，并成为重要的研究课题，不少人提出各种倡议。其中，张謇是最为重要的人物，张謇治淮也成为近代治淮的一个转折点。

张謇是江苏南通人，清末民初著名实业家和教育家，参加过清末君主立宪活动，担任过袁世凯政府的农商总长。他重视水利，倡议导淮，亲自创办了全国第一所水利专门学校——南京河海工程专门

▲ 张謇像

学校。他对治理淮河提出过许多方案和具体意见。

　　早在光绪三十二年（1906年），张謇就建议恢复淮河入海旧道，浚治废黄河，并建议在清江浦设立导淮局，负责筹备此项工作。无奈此后两年，两江总督端方会勘淮河故道后，力陈"导淮四难"，计划遭遇搁浅。宣统元年（1909年），江苏咨议局成立，张謇被选为议长，再次提出治淮提案，并请两江总督会同安徽巡抚迅速筹款办理导淮。这次由于两江总督的反对，计划再次受挫。但张謇并没有因此改变"导淮"的计划，他在清江浦设立江淮水利公司，安排自己创办的"南通师范学校"中专部设立的土木测绘班学员，于1911—1912年测量了苏北淮、沂、运诸河水道，为"导淮"做准备。1913年，袁世凯政府在北平设导淮局，次年改为全国水利局，张謇担任总裁，主管全国水利建设。张謇发表《导淮计划宣告书》和《治淮规划之概要》，提出淮水"三分入江、七分入海"和"沂、沭河分治"的原则。入江路线由蒋坝三河，沿入江水道至三江营入江；入海路线由废黄河六套折经灌河口入海。以后又改由废黄河线入海，即淮阴西坝至云梯关段，以废黄河北堤为南堤，另筑新北堤，云梯关以下沿用废黄河河道。并与美国红十字会签订导淮借款合约，后因第一次世界大战爆发，借款合约废止。

　　1919年，张謇又发表《江淮水利施工计划书》，将江海分流的比例，改为七分入江，三分入海，并兼治运河及沂沭河。入江路线，由三河、高邮及邵伯湖、里运河，经归江各坝入江。入海路线，自洪泽湖仁和集开始，在湖内筑堤直达张福河口，形成新的淮河；出张福河口，经废黄河北面入海：以废黄河北堤为南堤；涟水以西借用盐河；涟水以东，于北堤外另筑新北堤；甸湖以下复淮故道。按 1916 年淮河最大流量 12500 米^3/秒分配，入江 7000 米^3/秒，入海 3000 米^3/秒，洪泽湖调蓄 2500 米^3/秒。张謇晚年特别关注和致力于导淮事业，但直至 1926 年去世，其所提各种方案均未能付诸实施。

这一时期，全国水利局、江淮水利测量局、安徽水利测量局亦各发表有导淮计划。美国红十字会和美国工程师费礼门也曾提出导淮计划。但由于军阀混战，政局动乱，治淮经费匮缺，各种治淮方案均未能付诸实施。

1928 年国民政府成立后，随即在建设委员会下设立了"导淮图案整理委员会"，接收前运河工程局保管的江淮水利测量局"导淮"测量资料，以及安徽水利测量局的测量资料，并收集、整理清末、民国初年各种导淮计划资料和图表，编成《导淮图案报告》一书，对以后制定"导淮"计划起了很大的作用。1929 年，导淮委员会成立，隶属国民政府，执掌导淮一切事宜。导淮委员会成立后，实地勘测了淮、沂、沭、泗中下游各水道及苏鲁运河，并探讨前人的"导淮"计划，在此基础上，拟定了江、淮分疏的原则，提出了一个较为完整的《导淮工程计划》。该计划分为防洪工程、航运工程、灌溉工

▲ 《导淮工程计划》书影

程三部分。防洪工程的基本思想是：以洪泽湖为调蓄洪水的枢纽，整理入江水道，开辟入海水道，加强淮河中上游治导，加强沂、沭二河的整治，加强泗河及山东运河的治理。试图通过对淮河干支流水系的全面治理来解决淮河流域特别是下游地区的严重水患。主要规划意见如下：

（1）淮河下游的治导。一是整理入江水道的线路。由洪泽湖出三河，趋东南入高邮湖，再辟新河达邵伯湖，至六闸穿运河，取道芒稻河、廖家沟，至三江营入江，全长153千米。在洪泽湖出口建三河活动坝（水闸），以节制入江水量，控制泄水量为6000～9000米^3/秒。二是开辟淮水入海水道的线路。由张福河经废黄河至套子口入海，计长163千米。入海水量初期定为15000米^3/秒，必要时再增大。在杨庄建活动坝，控制蓄泄，并在下游周门建分水闸，供灌溉和水运。三是加固完善洪泽湖堤防。为确保洪泽湖周边地区的安全，除修建三河和杨庄活动坝外，拟自湖东北隅的仁和集起向西至安河洼的西侧高地，以及自三河口附近的马狼岗起向西至三官集，各修筑新防洪堤一道，以策安全。新堤长180千米，堤顶高程高于设计水位1.5米，筑堤土方650万米^3。

（2）淮河中上游的治导。以筑堤为主，适当裁弯取直，并增建必要的水闸、涵洞等工程。

（3）沂沭河的治导。整治沂、沭二河的排洪河道：沂水排洪河道自沟上集起，至灌河口入海，在上游建水库，过去入运支口除留芦口坝一处济运外，余皆堵塞；沭水的排洪河道，自红花埠起，至临洪口入海，在沭水上游也修建水库，并逐段建滚水低堰，疏浚下游河道。

（4）泗运河的治导。对于山东南流诸水，以微山湖为归宿，兼蓄水以济运及供灌溉之用。以泗河（下为中运河）为泄洪河道，经六塘河由灌河入海，并设闸坝以资控制。

1931年大水后，导淮工程全面开工，首先是导淮委员会与国民政府救济水灾委员会合作，举办工赈，培修淮河干支各堤，然后又从中英庚子赔款借1000多万元（法币）作导淮基金。两年后，将征收

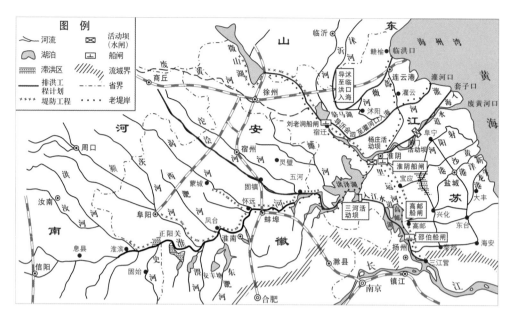

▲ 民国时期导淮工程示意
图［引自：水利部淮河
水利委员会．淮河规划
志，淮河志（第 4 卷）
[M]．北京：科学出版社，
2015]

的灌溉、航运捐税和拍卖新涸出的高宝湖、废黄河可耕地款，用以导淮。到 1937 年夏，第一期工程仅完成大半，所修工程或开工的工程主要有：邵伯、淮阴、刘老涧船闸及整理运河西堤工程；导淮入海水道及杨庄、周门活动坝工程；三河活动坝及开挖引河工程；六塘河及刘老涧泄水闸工程。

抗日战争胜利后，由于战争的破坏和黄泛的危害，淮河上下哀鸿遍野，人民流离失所，淮河水利工程亟待修复。导淮委员会恢复办公后，只是利用联合国救济总署的救灾款，修复部分淮河、运河堤防，而全流域大量水利工程，却因国内物价飞涨、经费无源、器材奇缺的困难，不能按计划实施。直至 1949 年中华人民共和国成立后，毛泽东主席提出"一定要把淮河修好"，大规模的淮河治理才真正全面实施。

◎ 第三节 继往开来谋治黄

黄河是中华民族的母亲河，但同时又是一条多灾多难的河流，历史上"善淤""善徙""善决"，给流域内的人民带来深重灾难。民国年间，黄河失修，决溢频繁，甚至人为扒口，人们将黄河看成是"中国的忧患""世界上水利工程中的最大难题"。 特别是 1933 年的黄河大水，使朝野震动，

▲ 黄河水利委员会旧貌

直接促成了统一治河机构——黄河水利委员会的成立，并一度任用留学归国的水利专家主持黄河工作，聘请外国专家长期或短期为治黄服务。随着西方水利科技的传入，国内专家如李仪祉、张含英、沈怡等，国外专家如费礼门、恩格斯、方修斯等，民间或政府的治河团体如黄河水利委员会、黄河治本研究团、治黄顾问团，以及日本东亚研究所，等等，都对黄河的治理思想和工程措施进行了积极的探讨，先后发表了诸多治黄方略，提出了各种规划及考察报告。特别是以李仪祉先生为代表的中国现代水利科学的先驱，把西方水利科技与我国丰富的传统经验结合起来，提出了综合治理黄河的新主张，拟定了治理大纲，培养了治河人才，进行了测量、试验、设计等基础工作，在探索治黄方略上具有代表性意义。

李仪祉是中国近代水利科学技术先驱，于辛亥革命前后在德国留学，专攻水工。民国初年就发表治河主张，1933 年夏至 1935 年首任黄河水利委员会委员长。他力主科学治河、全面治河、从根本上

治河。他提出："要讲治河，先要决定治河之目的何在。有了目的，然后可以对着目的下功夫。……以前的治河目的，可以说完全是防洪水之患而已。此后的目的，当然仍以防洪为第一，整理航道为第二。至于其他诸事，如引水灌溉、放淤、水电等事，只可作为旁枝之事，可为者为之，不能列入治河之主要目的。"❶ 把诸多项目的综合治理内容列入了黄河治理的计划。他曾亲赴黄河各地查勘，提出治理方略，撰写治河文章 40 多篇。重要论著如《黄河之根本治法商榷》《黄河概况及治本探讨》《黄河水文之研究》《黄河治本计划概要叙目》等，针对我国古代 2000 多年治河偏重下游河道，黄河得不到根治的情况，提出治黄要上、中、下游并重，防洪、航运、灌溉、水电等各项工作都应统筹兼顾的治河方针。其治黄方略主要有五个方面。

（1）黄河为患的症结与治理目标。他说，黄河善淤、善决、善徙，而泥沙是其病源。消除河患，不仅要防洪，更需要减沙。对于治河的目标，他说，首先要巩固堤防，免致溃决；进一步则刷深河槽、通畅海口、排洪顺利，使河床整一、帆楫无阻；更进一步，则节制洪水、险工不生，减少泥沙、河床不淤；再进一步则使黄河航运远达腹地，上以连贯其主要支流，下以错综乎淮运，形成良好的航道。

（2）对于黄河中上游的治理。他认为今后治黄重点应放在西北黄土高原上，主张于荒山发展森林，

▲ 李仪祉《黄河概况及治本探讨》书影

---

❶ 引自：李仪祉 . 黄河治本的探讨，见《中国水利史典（综合卷三）》. 北京：中国水利水电出版社，2015：741。

同时提倡种草牧畜；对于农田水利，他引申古代沟洫制，主张在田间、溪沟、河谷中截留水沙。他总结历史上农民治山治水、发展生产的经验，提倡黄河治理与当地的农、林、牧、副业生产的发展结合起来。他认为沟洫有比水库优越的地方："水库用于黄河，以其挟沙太多，水库之容量减缩太速。然若分散为沟洫不亚于亿千小水库，有其用而无其弊，且可粪田。"

（3）黄河洪水的出路。治河以防洪为最大目的，尽量为洪水筹划出路，务使平顺安全宣泄入海。他指出黄河出路有三：一疏浚河槽，增加泄量；二在支流建拦洪水库，以调节水量；三开辟减水河，以减异涨。并拟于渭、泾、洛、汾、南洛、沁诸河各做一蓄水库。山陕间大溪流如三川河、无定河、清涧河、延水各做一蓄水库。水库要有防洪、灌溉、发电等综合效益。或议在壶口及孟津各做一蓄水库。至于小的开辟减河，有三条途径：自陈桥至陶城埠，退入黄河；自齐河辟一减河，泄入徒骇河；自刘庄辟减河，至姜沟还黄。这样即使发生1933年的大洪水，也不会成灾。

（4）黄河下游河道的整治。在洪水被控制前，流量变幅大，宜设复式河槽，待将来洪水得到控制，可以变为单式河槽，用以加大挟沙能力。河槽过流量暂定为6500米³/秒。固定河床可采用固滩坝，并沿河岸设顺坝。漫滩洪水被固滩坝阻挡，淤高滩面；清水归槽，冲

▲ 李仪祉关于黄河下游河道整治论述的书影

151

刷河床。对于1933年大决溢后的治导，他主张"留石头庄一口不堵，听河改道行金堤现河床间，至陶城埠仍归本河"，这样黄河裁弯取直，避开险工，仅守北岸"一面之堤，而鲁西、苏北人民从此可以高枕而卧"，但后来未能实施。他还主张先治险堤，选择数处险工段先为之改善，并加以固定，成为结点，河流就易于就范。对于利津以下的河口段，他指出，筑堤不如巩固河岸，利用黄河的特性，不筑堤，采取两岸植柳。在行洪河道之外各划一宽50～100米的地带为植柳带，枝条纵横，互相编织，如篱如网，起到固土、助淤的作用。

（5）关于黄河航运。他指出，"黄河须大加治导始可通航，然非无通航之望"。鉴于河南境内黄河水流涣散，他主张先治山东河段及河口段。山东境内黄河濮州以东至海口，民船航行尚且便利。小清河贴近黄河干流，加以治导，作为出海之道，向上可于济南附近与黄河接通。并于南岸姜沟及北岸陶城埠作为黄河及运河联运地点，自济南至陶城埠，河道深窄，略事整理即可容汽船航行。对于河南境内黄河孟津以上，考虑两岸高山，黄河浅滩甚多，但平均水深有两米多，两岸以楗（木石治河工程）相逼，必可成一深槽以达禹门。黄河下游通航标准，可按600吨级考虑。

此外，李仪祉先生还提倡普遍开展测量工作，加强水文、气象、地质、泥沙等方面的研究，在中游地区进行水土保持试验，从而推进治黄理论的进步，

▲ 李仪祉论黄河航运的书影

改变了单纯着眼于下游的治河思想，推动了传统河工向现代河工的转变。

民国治黄方略的探索，促进了黄河的治理与开发。其间西方学者的参与，对促进我国引进近代科学技术、重视治河理论的探讨、发展水利事业，起到了积极作用。

◎ 第四节 八惠润秦谱华章

我国近代史上，有一位德高望重的人物，被尊称为"近代水利的开拓者""中国近代水利科学的先驱""中国近代水利的奠基人""一代水利大师""一代水圣""水利泰斗"等。这位显赫人物，就是中国著名的水利科学家、教育家李仪祉。

李仪祉（1882—1938年），原名协，字宜之，陕西蒲城人。早年留学德国，攻读水利。曾先后任陕西省水利局局长兼渭北水利工程处总工程师、国立西北大学校长、上海港务局局长、陕西省建设厅厅长、华北水利委员会委员长、北方大港筹备会主任、导淮委员会委员兼总工程师及工务处处长、中国水利工程学会会长、黄河水利委员会委员长、全国经济委员会常务委员等职。1922—1938年，李仪祉在断续担任陕西省水利局局长期间，在关中地区主持兴建了一系列自流引水灌溉工程，后人称之为"关中八惠"，即泾惠渠、洛惠渠、渭惠渠、梅惠渠、黑惠渠、沣惠渠、涝惠渠、泔惠渠。实际上，这八条渠道是关中地区1949年前已建成受益或动工建设的农田灌溉工程，其中，泔惠渠并非李仪祉规划，而是泾惠渠基本建成后，应礼泉县民众之请求，由

▲ 李仪祉像
（引自：叶遇春．泾惠渠志 [M]．西安：三秦出版社，1991）

渭北（泾惠渠）水利工程处委派荣嗣弘先生勘测施工而成，并纳入泾惠渠管理，不是独立的灌区。先生门人与后人为传颂先生业绩，编撰了"关中八惠"，后扩大为"陕西十八惠"。为凑足"八惠"，将当时已建成的沣惠渠加了进去。

关中八惠是近代关中地区水利建设的最高成就，也是我国近代灌溉工程的楷模。泾惠渠是李仪祉在关中地区主持筹划和修建的第一个灌溉工程，也是我国近代第一座应用现代水利技术建设的大型灌溉工程，其前身是秦代郑国渠和汉代的白渠。1919年前后，陕西连年遭受旱灾，渭北各县士绅倡议引泾修渠，并草测泾河谷1：2500的地形图，请李仪祉审查。李仪祉认为基本资料收集不全，不能草率从事，并大胆提出在张家山凿洞修坝引水方案，内容包括勘察设计、土方估算、仪器购置、人员工资、工程造价、还贷方案等。1922年夏，李仪祉任陕西省水利局局长，亲自主持筹划引泾工程，拉开了引泾工程建设的序幕。1923年，李仪祉提出了《陕西渭北水利工程局引泾第一期报告书》，次年又提出《引泾第二期报告书》，对引泾灌溉渠首工程提出了甲、乙两种规划方案，并撰写多篇文章广泛宣传，为工程开工奔走呼号。但因时局动乱，经费无着，李仪祉的宏愿未能实现，引泾工程一度搁浅。

李仪祉全集

陕西渭北水利工程局引泾第一期报告书

引　言

二八

陕西渭北水利工程局引泾第二期报告书

二七

▲ 引泾第一、二期报告书的书影

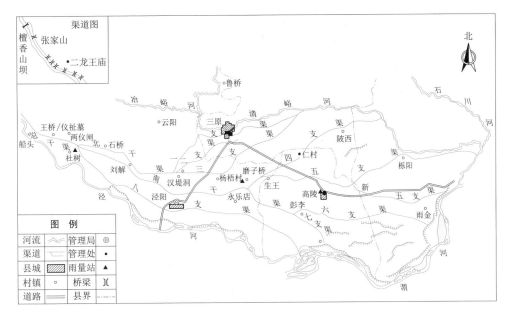

▲ 泾惠渠渠道原状图（1949
年5月）

（引自：叶遇春．泾惠
渠志 [M]．西安：三秦
出版社，1991）

此后，1929 年陕西发生罕见旱灾。当时全省
940 万人口中，就有 250 万人活活饿死，40 万人外
出逃亡，整个灾区赤地千里，饿殍遍野。面对大旱，
李仪祉惊呼："移粟移民非救灾之道，亦非长治之策，
郑白之沃，衣食之源也。"1930 年，杨虎城出任陕
西省政府主席，毅然决策，救民于水火，兴修水利，
并力邀李仪祉出任陕西省政府委员兼建设厅厅长，
主持修建引泾工程。

引泾工程分两期实施。第一期工程于 1930 年冬
季施工，主要包括渠首工程和渠系工程。渠首工程
采用现代化机械方式施工，坝址选在泾阳县城西北
老龙王庙上游、明代广惠渠旧渠口之上，大坝为混
凝土重力坝，坝高 9.2 米，坝长 68 米。并在泾河左
岸建引水闸 3 孔，同时增建了节制闸和退水闸。所
有闸门都安装了手摇或机械启闭设施。渠系工程完
成了总干渠和南北干渠，共建成桥梁 124 座，涵洞 4
座，跌水 16 座，渡槽 3 座，分水闸 4 座，斗门 77 座。
工程历时一年半，1932 年 6 月在渠首举行了隆重的

▲ 洛惠渠隧洞

放水典礼。经李仪祉提议，陕西省政府委员会谈话会议公定：引泾工程命名"泾惠渠"。老百姓感念李仪祉的恩德，传颂他是"水神降生，龙王转世"。第二期工程于1933年开工，1934年完工，主要是干支渠配套工程建设，包括：渠道裁弯取直，开挖了5千米干渠；扩大渠道断面，保证通过16米^3/秒的流量，年引水总量达到1.6亿米^3；统一调整渠道比降；配套建设7条支渠，全长130千米，配套修建各种建筑物226座；改善渠道水工建筑，由群众负担自建斗渠系统，斗门增至317座。至此，泾惠渠全部建成，灌溉农田60万亩，成为当时全国现代化、正规化灌溉工程之典范。

泾惠渠建成后，1934年成立了泾惠渠管理局，建立了国家专管机构与群众基层水利管理组织相结合的管理体制。干支渠分段设水老，斗设斗长，村设渠保，分级管理。实行按亩征收水费，建立了科学用水和工程管护制度，并进行水文、气象观测，开展作物灌溉试验，农民大为获益。泾惠灌区成为关中最富庶的地区。

洛惠渠是李仪祉筹划的第二条渠道，其前身为汉代的龙首渠。1932年泾惠渠一期工程完成后，李仪祉即着手引洛工程的规划设计。工程计划由洛河洑头筑坝引水，穿越铁镰山，灌溉大荔、朝邑农田50万亩。工程于1933年开工，渠首位于澄城县老洑村瀑布上游，关键工程是穿越铁镰山的长3000余米的隧洞。到1947年，工程勉强通水，但灌溉面积有限。1950年灌溉农田10万亩，后扩大灌溉面积到70万亩。

渭惠渠是李仪祉在关中地区筹划的第三条灌溉渠道。1933年，李仪祉命人勘测渭惠渠，1934年完成设计，决定从眉县魏家堡筑坝引水，灌溉武功、兴平、咸阳等地60万亩农田。工程于1933年春开工，1936年12月建成通水，初期灌溉农田30万亩。杨虎城先生为此欢欣鼓舞，专门著文刻石："清渭汤汤，导源鸟鼠。人定胜天，水利用普。致力沟洫，功绍大禹。嘉惠无疆，美哉斯举。"

▲ 渭惠渠概貌

梅惠渠因灌区内有梅公渠而得名，其前身是金代的孔公渠和明代的通济渠。梅惠渠由陕西省水利局勘测设计，泾洛工程局主持兴建，设计灌溉面积13万亩。工程于1936年10月开工，1938年6月建成通水。整个渠道从眉县斜峪关内鸡冠石处筑坝引石头河水，新开总干、北干、东干渠，并以原有梅公旧渠为西干渠。灌溉眉县、岐山两县的农田。

黑惠渠位于周至县，是从黑河黑峪口筑坝引黑河水灌溉，同样由泾洛工程局主持兴建。工程设计引水流量8.5米^3/秒，修建干支渠道55.7千米，灌溉周至县农田16万亩。工程于1938年9月开工，1942年12月竣工。渠道建成之初，由陕西省水利局管理。1943年3月，黑惠渠管理局成立，负责灌区的灌溉事项。

沣惠渠、涝惠渠、泔惠渠都兴建于20世纪40年代。沣惠渠引沣河水灌溉鄠县1964—2016年改名户县，今西安市鄠邑区、长安、咸阳等地，坝址位于鄠县秦渡乡沣、滈二水汇流处，共修建干支渠48.4千米，设计灌溉面积23万亩。工程于1941年9月开工，1947年5月竣工。

涝惠渠位于鄠县，是从鄠县涝峪口引涝河水灌溉。工程于 1943 年 7 月开工，1947 年建成，共修干支渠 22 千米，设计灌溉面积 10 万亩。

泔惠渠位于礼泉县（原作醴县），灌溉面积 0.3 万亩。工程建设与管理均附属于泾惠渠。于 1943 年 5 月开工，在泔河姚家沟筑滚水坝 1 座，引水流量 0.4 米³/ 秒，修干支渠 5 千米，1944 年 2 月建成。

关中八惠从 1930 年泾惠渠开工建设，到 1947 年涝惠渠建成通水，历经 17 年，灌溉面积 200 余万亩。通常，陕西水利界的先辈们传颂乐道的灌溉工程有"陕西十八惠"，除上述"关中八惠"之外，尚有陕南汉中的汉惠渠、褒惠渠、湑惠渠、冷惠渠、滗惠渠，称为"陕南五惠"；以及陕北榆林的织女渠、定惠渠、云惠渠、榆惠渠、绥惠渠，称为"陕北五惠"。实际上，这"十八惠"并非李仪祉对陕南、陕北和关中农灌工程规划的全部内容，而是其门人与后人为颂其功德，择主要灌渠编撰而成的。李仪祉在当时交通不便的情况下，多次奔赴陕南、陕北勘查工程。陕南的汉惠渠、褒惠渠、湑惠渠都是李仪祉亲定的方案，于 1949 年前动工建成；冷惠渠于 1949 年前动工，1949 年后竣工；滗惠渠则是 1949 年后动工兴建的。另外，李仪祉及其门人在陕南还曾修复改建了山河堰、五门堰、杨填堰等古堰渠；规划了马鞍堰、引西、黄惠渠（今军民渠）、养惠渠（今幸福渠）、白堰、鲤鱼堰、铁桥堰等十余座农灌工程。据《汉中地区水利志》记载，至 1949 年年底，汉中修复、兴建农灌工程甚多，发展灌溉面积近百万亩，是当时陕西省农灌化程度最高的区域。陕北五惠中的定惠渠、织女渠、榆高渠和一云渠，也是李仪祉先生擘画，于 1949 年前或竣工或动工的；二定渠即绥惠渠，是 1949 年以后动工兴建的。李仪

社对陕北农灌工程擘画较多，大大小小的渠道涉及
十五六个县，可灌田十数万亩。特别值得注意的是，
李仪祉对于所处时代有关条件的限制有充分考虑，
其规划兴建的灌溉工程，全部是自流引水，没有蓄
水和提水工程。但是，李仪祉及其门人对工程规划
的前期工作及宣传舆论等十分重视，施工准备十分
精心。即使在当时条件困难、战争频繁的年代，除
个别工程特别艰巨外，工期一般都是 2 ~ 4 年，没
有"胡子工程"。像泾惠渠、渭惠渠两大灌区的主
体工程，也不过两年左右即竣工并发挥效益。

　　这些工程，是现代陕西水利事业发展的基础，
也是当时中国现代化灌溉工程的楷模，引起了世界
各国的关注。1940 年 3 月，爱国华侨陈嘉庚率南洋
华侨代表团，考察了渭惠渠工程。1943 年 5 月，英、美、
苏三国 6 名记者连同中国 9 名记者考察了洛惠渠工
程。同年 10 月，美国水利专家巴里德考察了泾、渭、
洛、汉、褒、湑六渠工程，对陕西水利事业给予高
度评价。巴里德称赞陕西的灌溉事业，从工程形式，
到严密的用水管理，堪为中国之模范。

渠名	水源	坝址	设计面积 / 万亩	开工年份	竣工年份	灌溉区域
泾惠渠	泾河	泾阳张家山	53	1930	1934	泾阳、三原、高陵、临潼、礼泉等
洛惠渠	洛河	澄城县洑头	50	1933	1947	大荔、朝邑
渭惠渠	渭河	眉县魏家堡	60	1933	1936	武功、兴平、咸阳等
梅惠渠	石头河	眉县斜峪关	13	1936	1938	眉县、岐山
黑惠渠	黑河	周至黑峪口	16	1938	1942	周至
沣惠渠	沣河	鄠县秦渡乡	23	1941	1947	鄠县、长安、咸阳等
涝惠渠	涝河	鄠县涝峪口	10	1943	1947	鄠县
泔惠渠	泔河	礼泉姚家沟	0.3	1943	1944	礼泉
合计			225.3			

▲ "关中八惠"简况表

◎ 第五节 延安水利系河山

陕甘宁边区政府是抗日战争时期的自治性地方政府，该边区为国民政府行政院直辖行政区域，也是中共中央和中央军委所在地、敌后抗战的政治指导中心和敌后抗日根据地的总后方，包括陕西北部、甘肃东部和宁夏的部分区域，辖23个县，人口约150万人，首府延安。抗日战争时期，陕甘宁边区在党中央和毛泽东同志的领导下，进行了艰苦卓绝的斗争，大力发展水利，取得了很大成绩，也积累了宝贵经验。

陕甘宁边区地处黄土高原中北部，自然条件差，干旱少雨，灾害频发，特别是边区大部分地区属于农业区域，而水利设施又非常落后，当地百姓基本"靠天吃饭"。这种情况严重阻碍了边区农业生产的发展。

1937年陕甘宁边区政府成立后，对水利建设高度重视。针对边区境内小河小溪较多且具有相当面积平地的实际情况，边区政府制定的兴修水利政策是依靠群众，动员和组织群众。中共中央西北局曾明确提出："修筑水利的方针，应该由小而大，并应普遍提倡与发展民间小型水利事业。"1938年1月，边区政府建设厅发布第一号《训令》，提出在组织春耕运动中，"对于能引水灌溉的川地应领导群众合力修渠，发展水利"，强调指出这是"增加粮食产量最切要的办法"。同年9月，又在《秋收动员训令》中提出："水地更可以增加粮食的收成，利用秋收前后的农闲时间发动群众合伙兴修。特别在安塞、保安、延安、华池等地，政府应当集中目标有计划地进行。"1939年4月4日，边区政府颁布的《陕甘宁边区抗战时期施

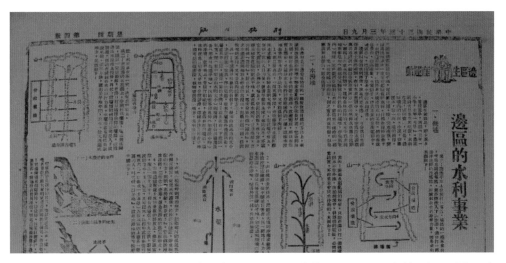

▲ 《解放日报》刊载《边区水利事业》书影

政纲领》中提出了"兴修水利，增加农业生产"的政策。1941年，边区政府在经济建设计划中明确提出，要"广泛发展水利，以达到粮食确保自给"，并计划投资20万元进行水利建设。 1942年年底，毛泽东在《经济问题与财政问题》中，把"兴修有效的水利"列为提高农业技术的首位。1943年，中央财经会议提出"修水漫地、修埝地、挖水窖、筑水坝、拍畔溜崖"等一些水利建设的具体要求。

边区兴修水利的事业，主要有两类：一类是水土保持工程，如修筑埝地、修水漫地、打坝堰、挖水窖等；另一类是引水灌溉工程，包括自流灌溉、井水灌溉和车水灌溉等，如修筑水渠、修建小型水库、打水井。其中，修水漫地是边区在1942年大生产运动中发明的一项水利建设技术，是边区水利建设中独特的创举。它是指修筑一定的坝壕工程，趁下雨时蓄积山洪冲下来的泥土，淤漫、沉淀在贫瘠的荒地上，使之变成沃土良田。这种水漫地依据地形的不同和修筑方法的不同，分为涧地水漫地、滩地水漫地、灌溉水漫地和筐子水漫地等。其特点是耐旱、耐雨、

▲ 子长渠贺家沟段遗址

▲ 绥惠渠渠首段今貌

耐风、省粪、高产。"漫土一尺厚，可种五年好庄稼；漫土三四寸厚，可种三年好庄稼。"修水漫地最早在三边分区开展，1942年三边分区修筑水漫地1000余亩，农作物产量增产1倍以上，随即在全边区推广开来。1943年三边分区增修筑水漫地4万多亩，其中种植农作物3万亩，达到了粮食显著增长的效果。农民称赞说："水漫一亩田，顶上三次粪""水漫地是刮金板"。

修埝地是边区群众在生产实践中创造发明的一项改良土壤、增产粮食的水土保持措施。边区夏季降水集中，易发生山洪。边区群众通过打坝筑坝，使山洪冲刷下来的泥土沉淀在原来耕地的较低处，保存了耕地中的泥土与肥料，从而形成相对肥沃的小型平地，称之为埝地。修埝地较早在关中分区开展，由于埝地作物的收成较原来耕地的收成增加1倍以上，很快在全边区推广开来。1941年年底，关中分区赤水县（今淳化县）修成埝地4000多亩，1942年又修成埝地3200多亩。修埝地不仅保持了水土，增强了地力，而且扩大了水地面积，增加了粮食产量。

引水灌溉方面，较大规模的灌溉工程主要有：靖边的杨桥畔渠，1939年兴建，渠长2.5千米，每小时灌田60亩；子长的子长渠，1943年竣工，渠长5.3千米，可灌地800余亩；绥德的绥惠渠，渠长5千米；延安的裴庄渠，灌溉面积最大，可灌地1500亩；

延安桃庄渠,灌溉面积1400亩;还有安塞的新乐渠等。

为配合水利建设的顺利开展,边区政府还实行了一系列有关的政策。第一是彻底实行减租减息(简称"双减")政策,调动群众发展生产、团结抗战的积极性。例如,葭县(今佳县)在1943年"双减"之后,农民立即掀起了兴修水利的热潮。第二是发放水利贷款。1943年3月,边区银行公布的贷款章程中规定农田水利贷款包括开渠、修坝、凿井等项,并规定了直接向农户贷款的办法,边区政府专门发放了200万边币❶水利贷款,资助靖边和鄜县(今富县)开发水利事业。第三是组织互助合作,主要形式是建立"变工队"。中共中央西北局曾指出:"要使水利得到大大地发展,必须采用合作的办法,因为在许多情形下,要修筑一个水利工程靠少数人力是办不到的,但如果实行合作,结合多数人的力量,那情形就不同了。因此创办水利合作事业,应当成为今天边区合作运动的重要一项。"第四是奖励劳动模范。开展劳模运动是生产建设的一种组织形式和工作方法,是创造典型和推广典型的群众性运动。1943年11月26日,边区政府召开了盛大的劳模代表大会。马海旺利用空闲修好20多亩水地,并推动全村修成60亩水地,因而在大会宣言中特别提出"都要向志丹县的马海旺学习"。《解放日报》

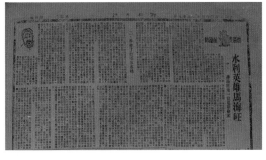

▲ 《解放日报》刊载水利英雄马海旺的报道

---

❶ 边币:抗日战争时期陕甘宁边区银行发行的货币简称。

还刊登了《水利英雄马海旺》的长篇报道，详细介绍他的先进事迹。

边区各级政府在组织兴修水利建设中，采取自愿合作、合资合力修建、互惠互利的原则，重视解决水利建设中的一些重要问题。如地权问题，由于土地属于地主，办水利常常遇到"有地无人修，有人无地修"的情况。边区政府规定："在双方兼顾、提高农民积极性、有利于修筑水利的原则下，依据各种不同的情况而采用各种不同的办法解决。"较大和难修的工程告竣后，受益田地的地权，地主和农民按三七开分配；较小易修的工程告竣后，则按对半分配。也有的地方是用减租的办法来解决。若因地权问题纠缠不清时，则先修水利，后解决地权问题，谁修的谁先种，待地权问题解决后，再作经营权处理。又如水量分配问题，原则上是水流经谁的地，允许拨给一部分水，但不许独霸，由群众推举出的公正人士负责拨水；或是把已修成的水地重新分配，使之利益均沾。

边区政府兴修水利政策的制定和实施，使边区水利灌溉的耕地面积迅速增加，增强了抵御自然灾害的能力，也促进了边区农业生产的发展。1937 年边区政府成立时，全边区水浇地仅有 801 亩，1939 年增加到 7293 亩，1941 年增加到 25615 亩，1943 年增加到 41109 亩。1945 年边区遭遇特大旱情，但是"男女老少变工合作，打井筑坝，兴修小块水地，利用一切器具挑水灌溉"，掀起了规模空前的大办水利、防旱备荒群众运动，终于战胜了自然灾害。

▲ 陕甘宁边区军民修河堤的景象

◎ 第六节 立规定矩首开创

我国古代法律编纂素有"诸法合体"的特征，较少有明晰完整的部门法体系。近代以来，随着西方先进水利科技的传入，西方先进的水利管理也引起水利专家们的重视。这一时期，西方国家大多制定有国家水利法规及与之配套的水利管理各项专业规章制度，国家对水资源开始实行全面规划、统筹兼顾、综合利用与保护相结合的国有化管理政策。有鉴于此，近代水利界的有识之士开始为国家水利法的制定奔走呼吁。

1928年，随着国民政府的成立，全国政权在形式上取得统一，有关方面开始酝酿制定国家水利法，以推动和保障水利事业的顺利进行。1931年2月，在全国内政会议上，导淮委员会代表汪胡桢提交了"编订水利法规，以确定水权而免阻碍水利发展"的提案，水利立法正式列入了国家立法的议事日程。

水利法的制定最初由建设委员会主持，首先组织人员翻译英、美、日等国已颁行的水利法规以资借鉴，并对水利法的科学性、社会性进行了一定范围的学术探讨。经过近3年的筹备，1933年12月全国内政会议第一次水利专门会议公布了《水利法草案》。1934年随着全国水政的统一，改由全国经济委员会水利委员会主持全国水

▲ 1933年《水利法草案初稿》书影

利工作，行政院随即将《水利法草案》附送其下设的全国水利委员会审核。该草案获准通过后，行政院一面交由各级水利机关填注意见，一面推举水利委员会的李仪祉、陈果夫、傅汝霖、孔祥榕、秦汾、茅以升等六位委员组成专家小组，专门负责《水利法草案》的修改和审议。此后不久，抗战爆发，国民政府迁都重庆，水利行政机构更迭，《水利法草案》被搁置起来。1938 年 1 月，经济部成立，负责全国水利事业，随即召集各水利机关技术专家审议草案，拟具修正案，并于 1940 年 7 月连同水利法立法原则一起呈送行政院。1941 年 9 月，水利委员会接管全国水利事业，行政院令将草案发给水利委员会审议，拟具修正意见。之后行政院转送国防最高委员会核定立法原则，交立法院审议，于 1942 年 6 月完成立法程序，并于当年 7 月 7 日由国民政府行令公布，1943 年 1 月起施行。这就是中国近代第一部国家水利法。从 1931 年水利法第一个立法提案的提出，到1942 年《水利法》的颁布，前后历时 11 年。

《水利法草案》原为 13 章 124 条，修改后正式颁布的《水利法》共 9 章 71 条。

第一章总则，共 3 条。内容包括水利事业的范畴，从中央到地方的各级水利机关及各自的职权归属。

第二章水利区及水利机关，共 9 条。按全国水道自然形态划分水利区，并设置相应的水利主管机关；对于水利事业的经费、劳动力来源以及经营方式作出部分规定。

第三章水权，共 11 条。规定了水权的含义、用水权的取得及丧失、用水权的顺序、引水的路线等内容。

第四章水权之登记，共 17 条。主要规定了水权登记的程序、水权申请书的书写格式、水权状的格式、免于登记的用水范围，等等。

第五章水利事业，共 10 条。对于兴办水利事业的核准、审批作出规定，同时还规定兴办水利事业与交通、航运等部门的协调；对因水利建设而征用土地的补偿作出规定。

第六章水之蓄泄，共 7 条。规定一切蓄水、排水事宜以及所有防洪工程的使用，均由上级主管部门控制或经过上级主管部门的核准。

第七章水道防护，共 9 条。对汛期设防作出规定，内容包括汛期的水文监测，水道的修护及其人力、工料的调集；对堤岸区域植被的保护；禁止围垦水道沙洲滩地；保护洪水行水区域土地；对因防洪而拆毁建筑物的补偿办法。

第八章罚则，共 3 条。内容包括对于毁坏水利设施，未经许可而私开、私塞河道，以及违反法定义务等行为的处罚办法。

第九章附则，共 2 条。规定由行政院制定《水利法》的实行细则以及施行日期。

为配合《水利法》的实施，1943 年 3—11 月，行政院先后公布了《水利法施行细则》《水权登记规则》《水权登记费征收办法》，使其在内容上更加丰富，可操作性有所增强。《水利法施行细则》共 9 章 62 条，对《水利法》各条款作了具体解释。《水权登记规则》共 16 条，补足了《水利法施行细则》中对于水权登

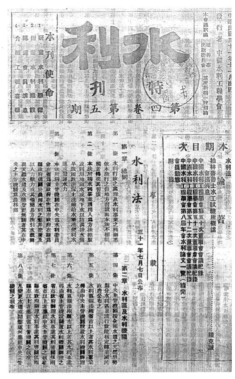

▲ 1942 年《水利特刊》登载的《水利法》首页

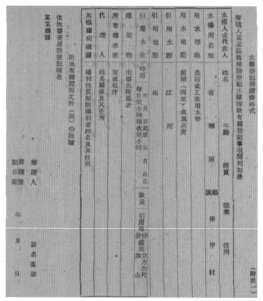

▲ 水权登记申请书格式

记的程序性规定，主要内容包括：水权申请书与水权状的格式；水权登记的审批机关、审批手续及所需费用等。《水权登记费征收办法》补充了水利法第四章的有关条款，对水权登记费的数额作出了详细规定。此外，民国时期颁布的《民法》《刑法》《土地法》等均有涉及水利的条款，与《水利法》一并生效，具有等同的法律效力。

《水利法》正式实施后，首先着手的是水权登记。1944年开始，已建和待建水利工程的承建水利机构开始登记。首批登记的已建水利工程有：重庆綦江水道船闸管理局，核准的法定受益顺序为水运、工业用水；四川龙溪河水电厂，法定受益顺序为发电、灌溉；陕西泾惠渠、汉惠渠管理局，法定受益为灌溉。待建的水利工程有云南昆明水电厂、四川力生实业股份有限公司筹备处，为兴建水电厂而申请水权。已建市政工程有上海内地自来水股份有限公司、闸北水电股份有限公司、浦东自来水厂等。但是，大多数用水团体或工程没有履行手续。

由于历史的局限性，这部《水利法》存在一些不足，一些条款的规定也不尽科学。例如，有关水权部分由于对申报水权的工程没有需用流量、水位差、用水时间等指标，降低了对用水法人的法律监督力；有关罚则部分，处罚标准较《刑法》轻，使执法人无所适从，而图谋私利者却敢于以身试法。另外，在《水利法》的推行中，由于社会重视不够，难以具体落实，水利机构本身也未做到依法执法。但是,《水利法》毕竟是我国历史上第一部以近代法学及水利科学理念为基础而制定的法律,它的颁布,开启了我国水利法制现代化的进程,标志着我国水利行政和水资源管理迈出了历史性的一步,具有开创性意义。同时,《水利法》的颁布,也促进了水利其他专业管理法规和制度的建立和完善。据统计,20世纪30年代以后,由国民政府、行政院、水利委员会和其他部门颁发的水利规章制度近300件。其中,行政院颁发的主要有:1943年10月颁发的《导淮委员会綦江闸坝管理规则》,以及相应的配套法规《导淮委员会綦江船闸使用费征收办法》《綦江船舶登记规则》;1944年6月颁发的《行政院水利委员会中国农民银行会同推进各省农田水利联系修正办法》;1944年9月颁发的《灌溉事业管理养护规则》。国民政府颁发的主要有:1943年7月颁发的《兴办水利事业奖励条例》《奖助民营水力工业办法》等。

1947年全国水利会议在南京召开,讨论对《水利法》的修订,提出了许多修改意见和建议。

◎ 第七节 千秋伟业三峡梦

三峡地处长江从峡谷段向丘陵段的转折处,是整个长江上游100万千米^{2}流域地表水流的唯一出口。丰沛的水量、100多米的落差以及相对封闭的地形地质条件,使这里成为天赐的修建大型综合性水利枢纽的绝好坝址。为开发长江水利、治理长江水害,

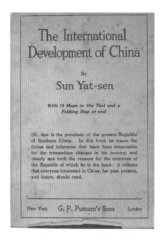

▲ 《实业计划》英文版书影

早在明嘉靖年间就有人提出在三峡河段筑坝防洪的设想。近代以来，随着社会的发展和进步，三峡河段蕴藏的丰富水力资源和优越的地理位置，再次引起人们的关注。

早在 1918 年，孙中山先生用英文撰写了《国际共同发展中国实业计划——补助世界战后整顿实业之方法》（简称《实业计划》）一文，提出在三峡河段修建闸坝、改善航运并发展水电的设想，这是我国兴建三峡工程设想的最早记载。之后，朱执信、廖仲恺等人将该文译成中文，改名为《建国方略之二——实业计划（物质建设）》，其中写道："自宜昌而上，入峡行，约一百英里（约 161 千米）而达四川之低地……改良此上游一段，当以水闸堰其水，使舟得溯流以行，而又可资其水力。"英国工程师波韦尔在看到孙中山的英文著作后，于 1919 年 8—9 月对宜昌至重庆段进行了实地考察，提出了《扬子江水电开发意见》，拟在巫山县青石峡建一座大水电站，另在巫山至重庆间建低坝（16.7 米）7 处、水电厂 7 处，共可得 3100 万匹马力（约 2170 万千瓦）的电力。这是世人对三峡水力开发的第一个明确计划，后人称之为"波韦尔计划"。波韦尔的计划使孙中山大为感动，1924 年 8 月 17 日，孙中山在广州国立高等师范学校作"民生主义"演讲，再次谈到三峡水力资源的开发："像扬子江上游夔峡（今瞿塘峡）的水力，更是很大。有人考察由宜昌至万县一带的水力，可以发生 3000 余万匹马力的电力。像这样大的电力，比现在各国所发生的电力都要大得多，不但是可以供给全国火车、电车和各种工厂之用，并且可用来制造大宗的肥料。"

这一时期，水电事业在欧美发达国家蓬勃发展，这对当时的国民政府和一批又一批有志于水电事业的人，形成极大的鞭策和鼓舞。1930年，国民政府工商部筹划在长江上游兴建发电厂，并着手有关基本资料和图表的收集。同一时期，时任国家建设委员会直属电气事业指导委员会主任委员的恽震有志于长江三峡水力资源的勘测，得到了国防设计委员会的支持。1932年10月，国防设计委员会出面组织有关方面人员组成勘测队，对长江三峡水力资源进行考察。勘测队由电气工程师恽震、水力工程师曹瑞芝（时任山东省建设厅技正）、水利工程师宋希尚（时任扬子江水道整理委员会工务处处长）3人负责筹组，扬子江水道整理委员会的水道测量总工程师美国人史笃培及技术员陈晋模参加襄助工作。11月5—23日，勘测队对长江三峡进行了19天的勘测和调查，并提出了《扬子江上游水力发电勘测报告》（以下简称《报告》），这是第一份比较详细论述开发长江三峡的报告。《报告》选出黄陵庙、葛洲坝两处低坝坝址，推荐在葛洲坝修建水头12.8米、装机容量30万千瓦的水电站，并设置船闸。由于当时力量所限，对两个坝址均未进行地质钻探。这次勘测，也是近代以来对三峡河段水力资源开展的第一次科学的勘测和研究，被誉为"中国水电工程具体报告之嚆矢"。1933年3月，扬子江水道整理委员会将《报告》呈报国民政府交通部。5月，交通部批复称："所呈

▲ 1932年11月28日《申报》关于扬子江水力勘察的报道

▲ 《扬子江上游水力发电勘测报告》书影

计划尚属详明，应予存案备查。"此后，《报告》被束之高阁，无人问津。及至抗战爆发，这一方案更没有实施的可能了。

到20世纪40年代，1944年4月，时任国民政府经济顾问的美国专家潘绥提出了《利用美贷修建中国水力发电厂与清偿贷款方法》的报告（简称《潘绥报告》），建议在三峡修建一座坝高120米、总装机容量1050万千瓦的水电厂；同时建造一座年产量500万吨的氮肥厂，利用三峡廉价的电力，生产化肥向美国出口，偿还贷款。

与此同时，国民政府资源委员会为抗战胜利后大力发展水电事业做准备，1944年5月，邀请美国垦务局设计总工程师萨凡奇博士来华，并聘其为顾问工程师，协助勘察西南地区的水力资源。萨凡奇是世界著名的坝工专家，毕生致力于水电建设。世界著名大坝如胡佛大坝、大古力坝等的设计方案均出自其手。萨凡奇在得知《潘绥报告》后，激动不已，不顾年事已高，且三峡还时常遭受日军轰炸的危险，坚决表示："生死不计，定要前往。" 1944年9月下旬，萨凡奇在资源委员会水电专家黄育贤、张光斗等人陪同下，对三峡地区进行了为期10天的考察，并于同年10月完成《扬子江三峡计划初步报告》，即"萨凡奇计划"。这是第一个比较具体的、具有兴利除害效益的三峡工程计划。该报告中译本共16节，约3万字，主要内容有：①坝址选择：拦河坝坝址选择在湖北宜昌上游5～15千米的范围内，即南津关

▲ 萨凡奇考察三峡

坝址。②开发方案：主要枢纽工程有大坝、水电站厂房、船闸等。大坝采用混凝土重力坝，最大坝高 225 米。水电站总装机容量 1056 万千瓦。另设通航建筑物，船闸容量及设备均以能航行万吨船只为目标。工程建设拟分 5 期进行。③工程效益：工程以发电为主，兼有灌溉、防洪、

▲ 萨凡奇设计的泄水闸

航运、供水及游览等效益。萨凡奇也为自己的计划激动不已，曾写道："扬子江三峡为一杰作，关系中国前途至为重大，将鼓舞华中、华西一带工业之长足进步，将有广泛的就业机会，提高人民之生活水准，将中国转弱为强。为中国计，为全球计，实现此一计划实属必要之途也。"

1944 年 10 月底，受罗斯福总统委托，美国战时供应局局长纳尔逊访问重庆，国民政府托其将"萨凡奇计划"带到美国交罗斯福总统，白宫随后将此计划透露给新闻界，顿时震惊全球，三峡工程第一次在世界上引起轰动。

在萨凡奇的鼓动下，中国在 1945—1947 年出现了一场空前的"三峡热"，国民政府启动了三峡工程计划的筹备工作。在机构建设方面，先后成立了全国水力发电工程总处和三峡勘测队，三峡工程被明确为全国水电的第一优先项目。在中美合作方面，1945 年 10 月，国民政府代表访问美国，商议美国贷款问题。1946 年春，资源委员会与美国垦务局签订了三峡工程设计合同。先后共有 54 位中国技术人员赴美国垦务局参加了三峡工程的设计工作。

此外，在地质调查、地质钻探、经济调查、土

173

▲ 1946 年中美设计人员在丹佛商讨三峡设计工作

壤调查、建设材料等方面，国民政府也做了一定的工作。值得一提的是，为配合三峡工程建设，国民政府拟将宜昌升格为市，市政筹备工作委员会于 1946 年 5 月 1 日正式成立，计划将宜昌兴建为可容纳 300 万人口的国际化大都市，市区面积达 1750 千米^2，拟随着三峡工程的建设分三期完成。

遗憾的是，这次三峡热没有维持多久，随着国内形势的变化，"萨凡奇计划"因中国内战的爆发而搁置。1947 年 5 月，国民政府明令中止了三峡水力开发计划。不过，经过这次热潮，三峡工程成为了举世关注的巨大工程。几乎所有参加中美合作的著名专家都对三峡工程充满了留恋。萨凡奇对此深感失望，曾说："如果上帝给我时间，让我看到三峡工程变为现实，那么我死后的灵魂会在三峡得到安息。"时任全国水力发电总处副总工程师的张光斗在《扬子江三峡水力发电工程计划筹备工作》一文中写道："三峡工程之理想天国，终有实施之一日。"

1949 年中华人民共和国成立后，三峡工程很快被提上新中国政府的议事日程。共和国第一代领导人毛泽东写下"更立西江石壁，截断巫山云雨"的激扬文字；改革开放的总设计师邓小平作出"看准了就下决心，不要动摇"的果敢决断。历经长达近半个世纪的论证和研究，1992 年 4 月 3 日，第七届全国人民代表大会第五次会议通过了《关于兴建长江三峡工程的决议》。1994 年 12 月，三峡工程正式开工。历时 9 年建设，2003 年 6 月，三峡工程实现 135 米蓄水、双线五级船闸试通航、首批机组发电三大目标。2010

年 10 月 26 日，三峡工程试验性蓄水成功蓄至设计水位 175 米高程，开始全面发挥防洪、抗旱、发电、航运、供水与补水、生态环境保护等功能。2020 年 11 月初，三峡工程完成整体竣工验收。

从孙中山 1918 年第一次明确提出开发三峡的设想开始，至 2010 年三峡工程全面建成，历经近一个世纪，三峡工程终于屹立在中国大地，一代伟人的美好愿望终于实现！

▲ 中华人民共和国成立后，三峡工程之梦最终得以实现

◎ 第八节 水利教育源河海

近代中国，社会动荡不安，经济凋敝，国贫民穷。水利形势与整个社会历史形势一样，是一个冲击和探索的时期。各大江河发生剧变，出现历史最大或接近历史最大的洪水。江河变迁、水旱灾害形成了影响社会经济发展的严峻态势。这一时期，随着西方先进水利科技的传入，一部分仁人志士力主实业救国、教育救国。在这一时代潮流的推动下，1915年，中国第一所培养现代水利工程技术人才的高等学府——河海工程专门学校在南京应运而生。

河海工程专门学校的创办者，是我国近代著名实业家、教育家张謇。张謇（1853—1926年），字季直，号啬庵，江苏南通人，清末状元。清朝末年政治的腐败和西方列强的入侵，特别是中日甲午战争的失败和《马关条约》的签订，使张謇痛感中国之软弱可欺，促使他探求强国之道。张謇认为，"实业"和"教育"两者是"富强之大本"，因此全力推行"实业强国"和"教育强国"的主张。河海工程专门学校就是他经过多年筹划奔走而创办的主要教育事业之一。

张謇之所以特别重视水利工程技术人才的培养，与他对中国水利事业，特别是导淮事业的重视分不开。他出生在南通，对于黄河夺淮以后给苏皖两省特别是苏北里下河地区所造成的严重灾害，有着切身的体会，所以他力主导淮，多年殚精竭虑，筹划导淮计划。早在1906年，为了给导淮作准备，他在南通师范学校专门设立了"土木科测绘特班"，培养掌握现代地形测量和土木建筑技术的人才。1912年，张謇被北洋政府任命为农商总长，并兼任全国水利局总裁，主持全国水利建设。这时，他倍感水利技术人才的缺乏，当年即向大总统呈请"速设河海工程学校"，并多方奔走呼吁。1914年，张謇"奉命勘准"，之后再次向当时的大总统呈文，拟请"设立高等土木工科学校，先开河海工程专班"。张謇在呈文中反复强调，现在全国水利的规划建设正在进行，特别是导淮工程，"大工将施，人才缺乏""揆时度势，则建设高等土木工科学校，先开河海工科专班，刻不容缓"。

当时，办学经费问题是一大难题，张謇数次呈文申请财政拨款均无答复，于是他提出一个解燃眉之急的折中办法，即由国家承担开办之初应急资金2万元，每年的经常费用3万元则先由江苏、浙江、山东、河北四省均摊，四省选送的学生可免交学费，并可优先接收学校毕业生；待中央财政好转后再给学校拨款。为节省办学费用，尽早招生开学，张謇决定临时借用校舍，并利用曾任江苏省咨议局议长的影响，借下了江苏省咨议局的房屋，解决了校舍问题。

经费、校舍问题解决后，张謇先后聘请著名教育家、前江苏省教育司司长黄炎培和前都督府秘书沈恩孚为学校筹备的正、副主任；委任留美归来的许肇南为校主任（1919年起改称校长）。

▲ 河海工程专门学校校舍
（1915—1916年租用）

▲ 河海工程专门学校开学
典礼合影（1915 年 3 月
15 日）

在张謇的努力下，1915 年 3 月 15 日，河海工程专门学校隆重举行开学典礼，张謇专程从北京赶到南京参加典礼。这是中国第一所按照西方教育方式建立，并以西方现代科学和工程技术知识来培养水利人才的高等学府。

河海工程专门学校在建校之初首先确定了三条教育方针，作为学校各项工作的依据和准绳：一是注重学生道德思想，以养成高尚之人格；二是注重学生身体健康，以养成勤勉耐劳之习惯；三是教授河海工程必需之学理技术，注重自学辅导、实地练习，以养成切实应用之知识。对教师和教学工作的要求是：①聘请富有工程经验而热心教学者为师；②注重教学方法，使学生能活用理论，而不专致力于记诵；③广储仪器设备，以供学生实验；④组织参观工程以资感发，派遣实习以增阅历。

组织机构上，河海工程专门学校分为学生部、教员部、职员部和校役部。学生按年级高下分预科、正科、特科、补习班。特科是一种速成科，两年毕业，功课都是择要教授。补习班是为程度不及升入预科者而设。这两班不常设，遇有必要才临时建立。教员自

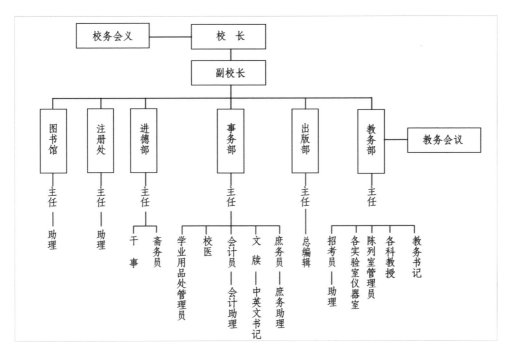

▲ 河海工程专门学校组织机构图

（引自：姚纬明. 中国水利高等教育 100 年 [M]. 北京：中国水利水电出版社，2015）

成团体，大都有留学欧美经历，每星期有一次教务会议，商量学科上应改良加减的问题。职员分属庶务股、会计股、斋务股，每星期有校务会议一次。

师资方面，学校成立之初聘任了李仪祉、杨孝述、沈祖伟等留学欧美的专家和向楚、柳诒徵、余井塘等国内名宿为教授。历年曾在校授课的教师有 85 人，李仪祉先生是教师中的杰出代表。在校期间，李仪祉讲授水工结构、机械、力学、路工、数学、地质、地理、德文等课程，并曾兼任教务部主任、进德部（斋务部）主任、出版部主任、研究部主任诸职，还于校长外出或病假时代理校务。他注重教学质量，不断研究改进教学方法，首创用国语讲课，率先编写中文教材讲义，联系中国的实际，讲授近代水利科学技术，阐述中国古代治河名家的著述及水利建设的经验和成就；亲自设计、监制了一批水工建筑物、交通建筑物、施工机械等模型，收集各种建筑材料样品、地质矿物标本等建立起陈列室，供直观教学之用；还经常带领学生到国内各大江河查勘实习。李仪祉对河海工程专门学校的创建和发展做出了重大贡献，曾被国家授予六等、七等嘉禾奖章。

1915年建校第一年共招收新生两个班80人，为应导淮急需，选择其中数学、英文成绩较好者办了一期特科，学制两年，"授予切要功课，冀急可致用"。并为山东省举办补习班，招生19人。以后历年在校学生约150～200人。

课程设置上，除基础课外，开设与水利工程有关或相近的各种专业课。首届正科毕业生修业证书存根中，记载有成绩的课目共42门。1922年夏，学校章程规定，共设15部60门课程，其中除7门为选修课外，其余均为必修课程。如水工学部开设的课程包括水力工学、基础工学、给水工学（选修）、渠工学及河川之渠化、河工学、灌溉工学、港工学、水工研究、水工计划、水学等。教材以美国原版教材居多。

课堂教学外，学校还注重组织学生参观实习，每年各班学生分别由老师带领外出参观工厂、水利工程，进行实地测量实习，或开展调查研究。学校还多次应水利机关和社会的要求，选派教师带领高年级学生支援抗灾抢险和水利工程建设，既培养锻炼了学生，又受到社会的欢迎。

1924年，东南大学工科并入河海工程专门学校，学校更名为河海工科大学，仍隶属全国水利局，第一任校长为茅以升。1927年6月，国民政府决定试行大学区制，在全国设立四个中山大学，在南京设立第四中山大学，由江苏、上海的9所大学合并组成，河海工科大学被编入第四中山大学工学院土木系。原河海工科大学的5届在校学生全部并入工学院土木系继续学习。

河海工程专门学校自1915年开办至1927年独立办学期间，共毕业学生10届232人，转入第四中山大学学生共5届90人。毕业生在中国革命事业和近代水利事业中发挥了重要作用。学生中有张闻天、沈泽民等中国共产党早期重要领导人，有汪胡桢、须恺、黄文熙、许心武等水利界老前辈、老专家和著名学术权威。

"河海"的创办，对中国现代水利工程和科学研究事业，起到了开拓和推动作用。1918年成立的顺直（后改为华北）水利委员会、督办运河工程局，1920年成立的督办苏浙、太湖水利工程局，以及1929年成立的导淮委员会，1933年成立的黄河水利委员会，1935年成立的扬子江水利委员会等流域机构和一些地方水利机关，以及1935年成立的中央水工试验所及后来的中央水利实验处，许多技术和工程负责人由"河海"师生担任。1917年海河大水、1928—1930年陕西连年大旱，以及1931年长江、淮河大水等三次震惊中外的大灾之后，当局开展了一些救济和善后工作，兴建了一些现代水利工程，"河海"师生在这些工程中都做出了贡献。

从1915年河海工程专门学校成立至1927年河海工科大学并入第四中山大学，同期国内并没有其他高校设立水利科系，因此，河海工程专门学校的变化发展代表了这一时期中国水利高等教育发展的基本形态。作为一所独立办学、培养水利人才的专门学校，"河海"建校之初即明确了教育方针，健全了组织机构，设置了合理的教学计划和课程，召集了一批学贯中西的名师，初步形成了独立的水利高等教育体系，培养了一批有献身精神、有真才实学的水利高等专门人才，对我国水利高等教育事业起到了开拓和推动作用。南京国民政府成立后，国内多年战乱结束，社会环境趋于稳定，国民政府也颁布实行了一系列高等教育政策法规，高等教育的体制逐步完善、定型，质量、规模稳步提升，水利高等教育也获得了快速的发展。武汉大学和清华大学土木系水利组的设立，预示着我国水利高级人才的培养从单科性大学扩展到综合型大学。1935年武汉大学还培养了我国第一批水利类研究生。此后，我国水利高等教育的层次和形式结构不断完善与发展。

第四中山大学土木系后改为国立中央大学水利系、南京大学水利系。1952年全国院系调整，由南京大学、交通大学、同济大学、浙江大学以及华东水利专科学校的水利系科合并成立"华东水利学院"。1985年，校名改为"河海大学"，由邓小平同志题写校名。

▲ 华东水利学院校门（1953年拍摄）

▲ 河海大学新校名揭牌

第七章

结语

在中国，水利是农业发展的命脉，是国民经济和社会发展的重要基础。中国的人均水资源低于世界平均水平，而且水资源时空分布很不均衡。兴修水利，消除水害，历来是中华民族面临的重大任务。中国水利事业的发展如果从大禹治水的时候算起，到现在已有4000多年的历史了，历代治水业绩史不绝书。中华民族的文明发展史几乎就是一部治水史，这在世界上是独一无二的。

就灌溉而言，早在公元前2000余年前的大禹时代，中国就有了沟洫用来满足平原地区的灌溉需求，而后1000年间，出现都江堰、郑国渠、芍陂等一批农田水利工程。就航运而言，中国在秦汉时期建造灵渠。而后，中国东西、南北大运河体系经历2000余年的发展，成为今日沟通中国东部地区的交通命脉。就城市水利而言，中国在春秋战国时期，就有对城市水利问题进行了深入探讨，如《管子》说到"凡立国都，非于大山之下，必于广川之上。高毋进旱而水用足，下毋进水而沟防省。因天材，就地利"，短短几十字道出城市与水的关系。

中国古代水利科技在水文学、水力学，水利勘测、规划、设计、施工和管理方面，以及水力器具方面取得举世瞩目的成绩。中国古代水利科技大致可分为萌芽期、第一次发展期、中衰期、第二次发展期、由盛转衰期、缓慢发展期和全面繁荣期等7个阶段。春秋时期，管子就从哲学的高度说出"水者万物之准""水者，何也？万物之本原也"，点明治国之策在于治水的思想。战国末期，都江堰等大型水利工程的出现催生水则等水利测量记述的发展。唐宋时期中国的水利科技长足发展，出现了水法，以及精巧的水力机具。近代西方水利科技的引入，彻底改变中国水利科技的发展脉络，中国水利科技与世界水利科技站在同一系统之内。

　　进入 20 世纪以后，许多新兴的技术已开始在水利领域中得到广泛的应用，如利用卫星、航天飞机、遥感、超声波等手段，分析、鉴定大型水利枢纽工程的水文地质及工程地质情况，进行大规模水资源开发利用规划，等等。随着现代工业的不断发展，国民经济的各个部门都对水利提出了更高的要求。由于全球性水资源短缺，城市防洪标准日趋提高，水质污染越来越严重，这就要求水利科技发展不仅要解决工程技术问题，还必需注意解决人类活动对水的不良影响。未来的水利科技将是技术、经济、生物等多学科的结合，以便取得更好的经济效益、社会效益和环境生态效益。

［1］水利水电科学研究院.中国水利史稿（下）[M].北京：水利电力出版社，1989.

［2］顾浩.中国治水史[M].北京：中国水利水电出版社，2006.

［3］中国水利学会水利史研究会.中国近代水利史论文集[M].南京：河海大学出版社，1992.

［4］水利部淮河水利委员会《淮河水利简史》编写组.淮河水利简史[M].北京：水利电力出版社，1990.

［5］刘勇，段红东，刘玉年.淮河志　第4卷　淮河规划志[M].北京：科学出版社，2005.

［6］黄河水利委员会勘测规划设计院.黄河志：卷六　黄河规划志[M].郑州：河南人民出版社，1991.

［7］张骅.水利泰斗李仪祉·三秦史话[M].西安：三秦出版社，2004.

［8］中国水利学会，黄河研究会.李仪祉纪念文集[M].郑州：黄河水利出版社，2002.

［9］尹北直.李仪祉与中国近代水利事业发展研究[D].南京：南京农业大学，2010.

［10］王翔，邢朝晖.关中八惠与陕西十八惠——纪念李仪祉先生诞辰一百二十周年[J].陕西水利，2002(2)：45-44.

［11］王晋林.论边区政府兴修水利的政策与实施——抗战时期陕甘宁边区的农业建设[J].传承，2013(13)：26-27.

［12］陈伯强.陕甘宁边区的水利建设[J].中国水利，1986(2)：39-40.

［13］郭成伟，薛显林.民国时期水利法制研究[M].北京：中国方正出版社，2005.

［14］谭徐明.中国近代第一部《水利法》[J].中国水利，1988(3)：38-39.

［15］程鹏举.民国时期及台湾的水利专业法规[J].中国水利，1988(3)：40-41.

[16] 本书编委会.百问三峡[M].北京:科学普及出版社,2012.

[17] 中国三峡总公司.非常三峡:人与水的跨世纪握手[M].北京:中国三峡出版社,2009.

[18] 查一民.中国第一所水利高等学府——河海工程专门学校的创立和演变[C].中国水利学会水利史研究会.中国近代水利史论文集.南京:河海大学出版社,1992.

[19] 刘晓群.河海大学校史1915-1985[M].南京:河海大学出版社,2005.

[20] 姚纬明.中国水利高等教育100年[M].北京:中国水利水电出版社,2015.